新编特种作业人员安全技术培训考核统编教材

防爆电气作业

主　编　杨有启

中国劳动社会保障出版社

图书在版编目（CIP）数据

防爆电气作业/杨有启主编. —北京：中国劳动社会保障出版社，2014

新编特种作业人员安全技术培训考核统编教材

ISBN 978 - 7 - 5167 - 1133 - 0

Ⅰ.①防…　Ⅱ.①杨…　Ⅲ.①防爆电气设备-技术培训-教材　Ⅳ.①TM

中国版本图书馆 CIP 数据核字（2014）第 109104 号

中国劳动社会保障出版社出版发行

（北京市惠新东街 1 号　邮政编码：100029）

*

北京金明盛印刷有限公司印刷装订　新华书店经销

880 毫米×1230 毫米　32 开本　5.75 印张　154 千字

2014 年 6 月第 1 版　　2014 年 6 月第 1 次印刷

定价：17.00 元

读者服务部电话：（010）64929211/64921644/84643933

发行部电话：（010）64961894

出版社网址：http://www.class.com.cn

编委会

杨有启　　王长忠　　魏长春　　任彦斌　　孙　超　　李总根

邢　磊　　王琛亮　　冯维君　　曹希桐　　马恩启　　徐晓燕

胡　军　　周永光　　刘喜良　　郭金霞　　康　枭　　马　龙

徐修发　　赵烨昕

本 书 主 编：杨有启

前　　言

　　《中华人民共和国劳动法》（以下简称《劳动法》）规定："从事特种作业的劳动者必须经过专门培训并取得特种作业资格。"《中华人民共和国安全生产法》以下简称《安全生产法》还规定："生产经营单位的特种作业人员必须按照国家有关规定经专门的安全作业培训，取得特种作业操作资格证书，方可上岗操作。"为了进一步落实《劳动法》《安全生产法》的上述规定，配合国家安全生产监督管理总局依法做好特种作业人员的培训考核工作，中国劳动社会保障出版社根据国家安全生产监督管理总局颁布的《安全生产培训管理办法》《关于特种作业人员安全技术培训考核工作的意见》和《特种作业人员安全技术培训考核管理规定》，组织了《特种作业人员安全技术培训大纲和考核标准》起草小组的有关专家，依据《特种作业目录》中的工种组织编写了"新编特种作业人员安全技术培训考核统编教材"。

　　"新编特种作业人员安全技术培训考核统编教材"共计9大类41个工种教材。1. 电工作业类：（1）《高压电工作业》（2）《低压电工作业》（3）《防爆电气作业》；2. 焊接与热切割作业类：（4）《熔化焊接与热切割作业》（5）《压力焊作业》（6）《钎焊作业》；3. 高处作业类：（7）《登高架设作业》（8）《高处安装、维护、拆除作业》；4. 制冷与空调作业类：（9）《制冷与空调设备运行操作》（10）《制冷与空调设备安装修理》；5. 金属非金属矿山作业类：（11）《金属非金属矿井通风作业》（12）《尾矿作业》（13）《金属非金属矿山安全检查作业》（14）《金属非金属矿山提升机操作》（15）《金属非金属矿山支柱作业》（16）《金属非金属矿山井下电气作业》（17）《金属非金属矿山排水作业》（18）《金属非金属矿山爆破作业》；6. 石油天然气作业类：（19）《司钻作业》；7. 冶金生产作业类：（20）《煤气作业》；8. 危险化学品作业类：（21）《光气及光气化工艺作业》（22）《氯碱电解工艺作业》（23）《氯化工艺作业》（24）《硝化工艺作业》（25）《合成氨工艺作业》（26）《裂解工艺作业》（27）《氟化工艺作业》(28)《加氢工艺作业》(29)《重氮化工艺作业》(30)《氧化工艺作业》(31)《过氧化工艺作业》(32)《胺基化工艺作业》(33)《磺化工艺作业》(34)《聚合工艺作业》(35)《烷基化工艺作业》(36)《化工自动化控制仪表作业》;9. 烟花爆竹作业类:(37)《烟火药制造作业》(38)《黑火药制造作业》(39)《引火线制造作业》(40)《烟花爆竹产品涉药作业》(41)《烟花爆竹储存作业》。本版统编教材具有以下几方面特点:

一、突出科学性、规范性。本版统编教材是根据国家安全生产监督管理总局统一制定的特种作业人员安全技术培训大纲和考核标准,由该培训大纲和考核标准起草小组的有关专家在以往统编教材的基础上进行编写,是继往开来的最新成果。

二、突出适用性、针对性。专家在编写过程中,根据国家安全生产监督管理总局关于教材建设的相关要求,本着"少而精""实用、管用"的原则,切合实际地考虑了当前我国接受特种作业安全技术培训的学员特点,以此设置内容。

三、突出实用性、可操作性。根据国家安全生产监督管理总局《特种作业人员安全技术培训考核管理规定》中"特种作业人员应当接受与其所从事的特种作业相应的安全技术理论培训和实际操作培训"的要求,在教材编写中,合理安排了理论部分与实际操作训练部分的内容所占比例,充分考虑了相关单位的培训计划和学时安排,以加强实用性。

总之,本版统编教材反映了国家安全生产监督管理总局关于全国特种作业人员安全技术培训考核的最新要求,是全国各有关行业、各类企业准备从事特种作业的劳动者,为提高有关特种作业的知识与技能,提高自身安全素质,取得特种作业人员 IC 卡操作证的最佳培训考核教材。

"新编特种作业人员安全技术培训考核统编教材"编委会

内 容 简 介

　　本教材根据国家安全生产监督管理总局颁布的"防爆电气作业人员安全技术考核标准"和"防爆电气作业人员安全技术培训大纲"，并针对各行业企业防爆电气作业人员的要求编写，共分两部分十六章内容，第一部分为安全技术知识，第二部分为实际操作技能。第一部分详细介绍了防爆电气作业人员安全基本知识，电气安全基础知识，爆炸危险物质和爆炸危险场所，防爆电气设备和防爆电气线路，电气防爆技术，防雷和静电防护技术；第二部分详细介绍了防爆电气设备的识别和选型，防爆电气装置安装，防爆电气设备检查和维护操作，防爆电气设备检修等内容。

　　本教材结合生产实际需求编写，可作为各类生产型企业防爆电气作业相关的特种作业人员的培训考核教材，也可作为企事业单位安全管理人员及相关技术人员的参考用书。

目　录

第一部分　安全技术知识

第一部分　安全技术知识

第1章 防爆电气作业人员安全基本知识

第1节 安全生产管理

一、安全生产概要

安全生产是为了生产过程在符合物质条件和工作顺序下进行的防止发生人身伤亡和财产损失等生产事故，消除或控制危险、有害因素，保障人身安全与健康、设备和设施免受损坏、环境免受破坏的所有活动。安全生产包括方针、政策，也包括实践活动。

安全生产管理是针对人在生产过程中的安全问题运用有效的资源，进行决策、计划、组织、实施等活动，实现安全生产。

为了实现安全生产的目标，我国制定了《中华人民共和国安全生产法》《中华人民共和国矿山安全法》《中华人民共和国职业病防治法》等法律；制定了《安全生产许可条例》《工伤保险条例》《建设工程安全生产管理条例》等行政法规；制定了《用电安全导则》《爆炸和火灾危险环境电力装置设计规范》《建筑物防雷设计规范》等标准；很多部门和企业还制定了《电业安全工作规程》《电工安全责任制》《倒闸操作制度》等规程和制度。

《安全生产法》总结安全生产的方针为"安全第一，预防为主"。在实际执行中，还提出"安全第一，预防为主，综合治理"的方针。

二、防爆电气作业和防爆电气作业人员

防爆电气作业指从事防爆电气设备安装、运行、检修、维护的作

业（不包括煤矿防爆电气作业）。防爆电气作业人员中包括不同等级的防爆专业电工。

防爆电气作业人员必须年满 18 岁，必须具备初中以上文化程度，不得有妨碍从事电工作业的病症和生理缺陷。防爆电气作业人员必须具备必要的电气专业知识、电气安全技术知识和防爆专业知识，应熟悉有关安全规程，应学会必要的操作技能，学会触电急救方法和灭火方法，应具备事故预防和应急处理能力。

防爆电气作业的作业过程和工作质量不但关系着其自身的安全，而且关系着他人和周围设施的安全。因此，防爆电气作业人员必须具备良好的电气安全意识。

防爆电气作业人员应当不断提高安全意识和安全操作能力，加强"以人为本"的理念，自觉履行安全生产的义务。

防爆电气作业人员应努力克服重生产轻安全的错误思想，克服侥幸心理；在作业前和作业过程中，应考虑事故发生的可能性，应遵守各项安全操作规程，不得违章作业，不得蛮干，不得在不熟悉的和自己不能控制的设备或线路上擅自作业；应认真作业，保证工作质量。

就岗位安全职责而言，防爆电气作业人员应做到以下几点：

1. 严格执行各项安全标准、法规、制度和规程，包括电气安装规范和验收规范、电气运行管理规程、防爆电气规程、电气安全操作规程及其他有关规定。

2. 遵守劳动纪律，忠于职责，做好本职工作，认真执行岗位安全责任制度。

3. 正确佩戴和使用各种工具和劳动保护用品，安全地完成各项生产任务。

4. 努力学习安全规程、电气专业技术、电气安全技术和防爆技术，不断提高安全生产技能；参加各项有关的安全活动；宣传电气安全、防爆安全；参加安全检查，并提出意见和建议等。

防爆电气作业人员应树立良好的职业道德。除前面提到的忠于职责、遵守纪律、努力学习外，还应注意互相配合，共同完成生产任务。应特别注意杜绝以电谋私、制造电气故障等违法行为。

防爆电气作业人员必须经过安全技术培训，取得防爆电气作业人员操作资格证书后方可上岗作业。新加入的防爆电气作业人员、实习人员和临时参加劳动的人员，必须经过安全知识教育后，方可参加指定的工作，但不得单独工作。对外单位派来支援的工作人员，工作前应介绍现场电气设备接线情况和有关安全措施。

培训和考核是提高防爆电气作业人员安全技术水平，使之获得独立操作能力的基本途径。通过培训和考核，最大限度地提高防爆电气作业人员的技术水平和安全意识。

防爆电气作业人员对新购防爆电气设备应检查产品合格证、防爆合格证、铭牌及相关技术资料；应检查设备外壳、进线装置等是否完好。

三、常用防爆电气管理标准

GB 50058—1992《爆炸和火灾危险环境电力装置设计规范》适用于在生产、加工、处理、转运或储存过程中出现或可能出现爆炸和火灾危险环境的电力设计。本规范不适用于矿井井下，制造、使用或储存火药、炸药、起爆药，电解、电镀生产，蓄电池室，使用强氧化剂能引起自燃，水、陆、空交通运输工具及海上油井平台的场所。该规范包括爆炸性气体环境、爆炸性粉尘环境、火灾危险环境等4章，包括危险区域确定、爆炸性混合物分级和分组、危险环境电气装置的选用等内容。

GB 50257—1996《爆炸和火灾危险环境电力装置施工及验收规范》适用于在生产、加工、处理、转运或储存过程中出现或可能出现爆炸和火灾危险环境电气安装工程的施工及验收，不适用范围与GB 50058—1992相同。

GB 3836《爆炸性气体环境用电气设备》包含15个标准，分别是通用要求、隔爆型设备、增安型设备、本质安全型设备、正压型设备、充油型设备、充砂型设备、无火花型设备、浇封型设备、气密型设备、最大试验安全间隙测定方法、气体或蒸气混合物分级、电气设备检修、危险场所分级、危险场所电气安装。

GB 12476《可燃性粉尘环境用电气设备》包含3个标准，分别是电气设备的技术要求；电气设备的选择、安装和维护；存在或可能存在可燃性粉尘的场所分类。

AQ 3009—2007《危险场所电气防爆安全规范》是国家安全生产监督管理总局发布的规范，包含爆炸性物质分级、分组和爆炸危险场所的分类、分级还有区域范围划分，爆炸危险场所防爆电气设备的选型，爆炸危险场所电气线路和防爆电气设备的安装，危险场所防爆电气设备的检查和维护等内容。

四、防爆合格证

防爆电气设备必须办理防爆合格证，取得生产许可。

企业办理防爆合格证需备齐工商营业执照，企业质量保证书，企业标准（或技术条件）、产品图纸、使用说明书等技术资料及送检样品。防爆合格证不得超期使用，企业必须提前申请换证。

实施防爆合格证制度的产品有防爆电动机；防爆电泵；防爆配电装置、防爆开关、控制及保护电器；防爆启动器；防爆变压器；防爆电动执行机构、电磁阀；防爆插接装置；防爆监控产品；防爆通信、信号装置；防爆空调、通风设备；防爆电加热产品；防爆附件、防爆元件；防爆仪器仪表；防爆传感器；安全栅；防爆仪表箱。

第 2 节　电工基本理论

一、常用物理量

（1）电场强度 E

电场强度是表明电场中正电荷受力大小及方向的物理量，一般可理解为单位距离上的电压。当空气中电场强度超过 $25 \sim 30$ kV/cm 时，即可能发生击穿放电。

（2）电流 I、i

通常以正电荷移动的方向作为电流的正方向。大小和方向不随时间变化的电流称为直流电流，定义为 $I = \dfrac{Q}{t}$；大小和方向随时间作周期性变化的电流称为交流电流，定义为 $i = \dfrac{\mathrm{d}q}{\mathrm{d}t}$。上列两式中，$Q$、$q$ 是电荷量，t 是时间。显然，电流是单位时间内通过的电荷量。

（3）电阻 R、r 和电阻率 ρ

电阻是电流流动过程中遇到的阻力。电阻率是表明材料导电性能的参数，可理解为单位长度、单位截面材料的电阻。如导线长度为 l、截面为 S，则电阻与电阻率的关系是 $R = \dfrac{\rho l}{S}$。金属材料的电阻率随着温度的升高而升高，具有正的电阻温度系数；绝缘材料的电阻率随着温度的升高而降低，具有负的电阻温度系数。

（4）电压 U、u

电压是两点之间的电位差，亦即在两点之间产生电流的能力。方向从高电位点到低电位点。

（5）电动势 E、e

电动势是电源所具备的产生电流的能力。方向从低电位点到高电位点。

（6）电功率 P 和电能 W

电功率是表明电气设备做功能力的物理量，是单位时间内所做的功。电能是电气设备在一段时间内所转换的能量，是功率的积累。

（7）频率 f 和角频率 ω

频率是交流电每秒钟交变的周期数。通用交流电的频率为 50 Hz。角频率是交流电每秒钟交变的弧度数。角频率与频率的关系是 $\omega = 2\pi f$。

（8）磁动势 F

磁动势一般指载流线圈产生磁场的能力。对于匝数为 N、电流为 I 的线圈，$F = NI$。

（9）磁导率 μ

磁导率是表明材料导磁性能的参数。真空磁导率 $\mu_0 = 4\pi \times 10^{-7}$ H/m。

材料磁导率与真空磁导率之比称为相对磁导率，即 $\mu_r = \dfrac{\mu}{\mu_0}$。

二、电路基本定律

（1）欧姆定律

分为部分电路的欧姆定律和全电路的欧姆定律。其表达式分别为：

$$U = IR \quad 和 \quad E = I(R_o + R_i)$$

式中，R_o 和 R_i 分别为电路的外电阻和内电阻。

（2）基尔霍夫第一（电流）定律

表达式为 $\sum I = 0$

（3）基尔霍夫第二（电压）定律

表达式为 $\sum E = \sum U = \sum IR$

三、正弦交流电路

1. 正弦交流电的特征

交流电流的大小、方向随时间作周期性变化，一周期内交流电流的平均值为零。正弦交流电流、电压的大小和方向都随着时间按正弦函数的规律变化。正弦电流的三角函数表达式为：

$$i = I_m \sin(\omega t + \varphi) = I_m \sin(2\pi f t + \varphi)$$

式中　i——时刻 t 的电流瞬时值，A；

　　　I_m——电流最大值，A；

　　　t——时间，s；

　　　ω——角频率，$\omega = 2\pi f = 2\pi/T$，rad/s；

　　　f——频率，Hz；

　　　T——周期，s；

　　　φ——初相位，rad。

最大值、角频率和初相位确定了正弦量的所有特征，称之为正弦交流电的三要素。通常用有效值来表征交流电的大小。有效值是与该交流电做功能力相同的直流电的数值。最大值为有效值的 $\sqrt{2}$ 倍，即 $I_m = \sqrt{2}I$、$U_m = \sqrt{2}U$。

2. 正弦交流电表示法

正弦交流电的表示法如下：

（1）波形图法

是用图线表示交流电的方法。此方法直观，但计算很不方便。

（2）三角函数法

是用三角函数表示正弦交流电的方法。此方法物理概念清楚，但计算不方便。

（3）旋转矢量法

是用旋转矢量（向量）表示正弦交流电的方法。如图 1—1 所示，矢量的长度（模值）为最大值或有效值、矢量与参考线的夹角（模角）为初相位角、矢量以角频率的转速逆时针旋转。旋转矢量法可方便地进行加、减运算。

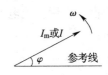

图 1—1 旋转矢量法

3. 简单交流电路

（1）纯电阻电路

其特点是电流与电压相位相同。其瞬时值符合欧姆定律，最大值和有效值也符合欧姆定律，即：

$$U_m = I_{Rm}R \text{ 和 } U = I_R R$$

纯电阻电路的平均功率为：

$$P = UI_R = I_R^2 R = \frac{U^2}{R}$$

这一功率是消耗在电阻上用来做功（将电能转换为热能）的功率，称为有功功率。

（2）纯电感电路

其特点是电感上的电压领先电流 $\pi/2$（90°）。其最大值和有效值符合欧姆定律，即：

$$U_m = I_{Lm}X_L \text{ 和 } U = I_L X_L$$

纯电感电路的平均功率为零。纯电感不消耗有功功率，只起功率交换的作用。纯电感电路瞬时功率的最大值称为感性无功功率，表示为：

$$Q_L = UI_L = I_L^2 X_L = \frac{U^2}{X_L}$$

（3）纯电容电路

其特点是电容上的电流领先电压 π/2（90°）。其最大值和有效值符合欧姆定律，即：

$$U_m = I_{Cm}X_C \text{ 和 } U = I_C X_C$$

纯电容电路的平均功率也为零。纯电容不消耗有功功率，只起功率交换的作用。纯电容电路瞬时功率的最大值称为容性无功功率，表示为：

$$Q_C = UI_C = I_C^2 X_C = \frac{U^2}{X_C}$$

4. 三相交流电

三相交流电可以节约导电材料和导磁材料，且三相旋转设备有较好的运行性能。对称三相交流电指三个频率相同、幅值相同、相位互差 1/3 周期的正弦交流电。

如图 1—2 所示，三相电源和三相负载都有星形接法和三角形接法。星形接法是将各相尾端连接在一起的接法；三角形接法是依次将一相的尾端与下一相的首端连接在一起的接法。

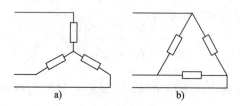

图 1—2　三相交流电接法

a）星形接法　b）三角形接法

在对称的星形联结的电路中，线电压 U_P 超前相应相电压 U_P 30°，且

$$I_L = I_P \quad U_L = \sqrt{3}U_P$$

在对称的三角形联结的电路中，线电流 I_L 落后相应相电流 I_P30°，且

$$U_L = U_P \quad I_L = \sqrt{3}I_P$$

对称三相电路的计算原则上取相电压、相电流按单相电路的方法计算。

对于对称三相电路，功率表达式可简化为：

$$P = 3U_P I_P \cos\varphi = \sqrt{3}U_L I_L \cos\varphi$$

$$Q = 3U_P I_P \sin\varphi = \sqrt{3}U_L I_L \sin\varphi$$

$$S = 3U_P I_P = \sqrt{3}U_L I_L = \sqrt{P^2 + Q^2}$$

四、磁场和电磁感应

1. 电流的磁场

磁场可由永久磁铁产生，可由电流产生，也可由变化的电场产生。电流所产生磁场的方向由右手螺旋定则（安培定则）确定。该定则是将右手握拳，拇指伸开，如拇指表示直线电流的方向，则卷曲的四指表示直线周围磁场的方向；如卷曲的四指表示线圈电流的方向，则拇指表示线圈内磁场的方向。

2. 电磁感应

（1）感应电动势

1）变压器电动势。如图 1—3 所示，当线圈内的磁通 Φ 发生变化时，线圈内即产生感应电动势 e。如果线圈是闭合的，线圈内将产生感应电流。线圈内感应电动势的大小与磁通变化的速率成正比。对于 N 匝的线圈，感应电动势的大小为：

$$e = N\left|\frac{\Delta\Phi}{\Delta t}\right|$$

式中，$\left|\dfrac{\Delta\Phi}{\Delta t}\right|$ 表示磁通随时间变化的绝对值。这一规律即法拉第电磁感应定律。这种感应电动势明显是由磁通的变化引起的，称为变压器电动势。

如图 1—3 所示，当磁通 Φ 增大时，线圈中感应电动势和感应电

流的实际方向是与所表示的电动势 e 的方向相反的；而磁通 Φ 减小时，线圈中感应电动势和感应电流的实际方向是与所表示的电动势 e 的方向相同的。即感应电流的磁场总是力图阻止原磁场发生变化。这一规律称为楞次定律。

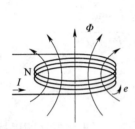

图1—3　变压器电动势

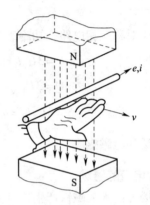

图1—4　切割电动势

2）发电机电动势。产生感应电动势的另一种方式是导线切割磁场（即导线切割磁力线）。如图1—4所示，当长度为 l 的导线以 v 的速度垂直地切割磁力线时，导线上所产生感应电动势的大小为：

$$e = Blv$$

切割电动势的方向可由右手定则确定：平伸右手，拇指与并拢的其他四指成90°，磁场穿过手心，拇指指向切割方向，则并拢的四指表示感应电动势的方向。这种感应电动势称为切割电动势，也称为发电机电动势。

3. 载流导体受到的磁场力

载流导体在磁场中将受到的磁场力的作用。力的大小与磁感应强度、流经导体的电流、导体的长度成正比。即：

$$F = BIl$$

式中　F——导体受到的作用力，N；

　　　B——磁感应强度，T；

　　　I——流经导体的电流，A；

l——导体长度，m。

导体受到作用力的方向由左手定则确定：平伸左手，拇指与并拢的其他四指成90°，磁场穿过手心，并拢的四指指向导体内电流的方向；则拇指表示导体受力的方向。

4. 材料的磁性能

有些材料的导磁性能很不好，磁导率很低，如空气、橡胶、塑料、铜、铝等。在这些材料中，载流线圈只能产生很弱的磁场。这些材料称为非磁性材料。有些材料导磁性能很好，磁导率很高，如硅钢片、铁镍合金、铁、钨钢、钴钢等。在这些材料中，载流线圈能产生很强的磁场。这些材料称为磁性材料。

磁性材料主要分为软磁材料和硬磁材料。软磁材料的特点是线圈中电流为零时几乎没有剩余磁性。用作导磁材料的硅钢片、铁镍合金、铸钢属于软磁材料。硬磁材料的特点是当线圈中电流为零时仍然保持很强的剩余磁性。用作永久磁铁的钨钢、钴钢属于软磁材料。

第3节　爆炸及火灾分类

一、爆炸分类

爆炸是一种极为迅速的物理或化学的能量释放过程，是在极短时间内，释放出大量能量，产生高温，并放出大量气体，在周围介质中造成高压的化学反应或状态变化的现象。按照爆炸传播速度，爆炸分为：轻爆（传播速度数十厘米每秒至数米每秒）、爆炸（传播速度十米每秒至数百米每秒）、爆轰（传播速度 >1 000 m/s）。

按照引发爆炸的因素，爆炸可分为物理性爆炸、化学性爆炸和核爆炸。

1. 物理性爆炸

物理性爆炸是由物理变化（温度、体积、压力等）引起的。物理爆炸过程中没有化学反应，爆炸前后物质的性质及化学成分不发生变化。锅炉爆炸、氧气钢瓶爆炸等属于物理爆炸。物理爆炸可间接引起燃烧。

2. 化学性爆炸

化学性爆炸是过程中有剧烈化学反应或以化学反应为主，爆炸后形成新的物质的爆炸。化学性爆炸的特征是：反应速度快、反应放出大量的热、反应生成大量的气体产物。

按照爆炸性物质，化学爆炸分为炸药爆炸，气体、蒸气爆炸，粉尘、纤维爆炸。

（1）按照反应物的状态，化学爆炸分为：

1）气相爆炸。如可燃气体、蒸气混合物爆炸，气体分解爆炸，可燃液体喷成雾状剧烈燃烧引起的爆炸，可燃粉尘、纤维混合物爆炸等。

2）液相爆炸。如硝酸与油脂、液氧与煤粉等混合物爆炸等。

3）固相爆炸。如乙炔铜爆炸等。

（2）按照化学反应，化学爆炸分为：

1）简单分解爆炸。这类爆炸没有燃烧，爆炸时所需要的能量由爆炸物本身分解产生，如叠氮铅、雷汞、乙炔银等物质的爆炸。

2）复杂分解爆炸。这类爆炸伴有燃烧，燃烧所需要的氧由爆炸物自身分解供给，如三硝基甲苯、硝化甘油、黑色火药等所有炸药的爆炸。

3）爆炸性混合物的爆炸。这类爆炸是可燃气体、粉尘等与空气（或氧）形成的爆炸性混合物的爆炸。钾、钠、碳化钙等固体与水接触，产生的可燃气体与空气（或氧）形成爆炸性混合物的爆炸也属于这类爆炸。

4）分解爆炸性气体的爆炸。这类爆炸是分解爆炸性气体分解时产生大量热量，在激发能源的作用下发生燃烧，火焰迅速传播引起的爆炸。

3. 核爆炸

核爆炸是由物质的原子核在发生"裂变"或"聚变"的链式反应

瞬间放出巨大能量而产生的爆炸，如原子弹、氢弹核爆炸。

二、火灾分类

火灾是在时间和空间上失去控制的燃烧所造成的灾害。广义上说，火灾是超出有效范围的燃烧。火灾按照不同分类标准可分为几种不同的类型。

1. 按照 GB/T 4968—2008《火灾分类》

（1）A 类火灾

指固体物质火灾。这种固体物质通常是有机物物质，如木材、棉、毛、麻、纸张等。其燃烧时一般产生炽热的灰烬。

（2）B 类火灾

指液体或可熔固体物质火灾。如汽油、煤油、柴油、石油、甲醇、乙醇、沥青、石蜡等火灾。

（3）C 类火灾

指气体火灾。如煤气、天然气、甲烷、乙烷、丙烷、氢等火灾。

（4）D 类火灾

指金属火灾。如钾、钠、镁、铝镁合金等火灾。

（5）E 类火灾

指带电火灾，即物体带电燃烧的火灾。

（6）F 类火灾

指烹饪器具内烹饪物（如动植物油脂）燃烧的火灾。

2. 按照火灾所造成的人员伤亡和直接经济损失

（1）特大火灾

死亡 10 人以上；重伤 20 人以上；死亡、重伤 20 人以上；受灾 50 户或直接经济损失 50 万元以上的火灾。

（2）重大火灾

死亡 3 人以上；重伤 10 人以上；死亡、重伤 10 人以上；受灾 30 户或直接经济损失 5 万元以上的火灾。

（3）一般火灾

不具有特大火灾和重大火灾条件的火灾。

3. 按引起火灾的原因

可分为违反电气安装规程、违反电气安全操作规程、违反电气设备运行管理规程等电气原因引起的火灾；用火不慎等明火引起的火灾；吸烟引起的火灾；儿童玩火引起的火灾；物质自燃引起的火灾；雷击等自然原因引起的火灾；光线聚焦引起的火灾；坏人放火引起的火灾以及其他不明原因引起的火灾。

第4节　燃烧和爆炸

一、燃烧

燃烧是可燃物与助燃物（氧化剂）发生的一种剧烈的、发光、发热的化学反应。广义地说，燃烧是任何发光发热的剧烈的化学反应，不一定要有氧气参加。例如，金属钠与氯气反应生成氯化钠，虽然没有氧气参加，但也是剧烈的发光发热的化学反应，同样属于燃烧范畴。

1. 燃烧三要素

燃烧需要具备的三个要素是：可燃物、助燃物和点火源。

（1）可燃物

在火源作用下能被点燃且当点火源移去后能继续燃烧直至燃尽的物质，如甲烷、甲苯、聚乙烯等。

（2）助燃物

具有较强的氧化能力，能与可燃物发生化学反应，并引起燃烧的物质，如空气、氧、氯等。

（3）点火源

能引起可燃物燃烧的能源，如明火、电火花等。

2. 燃烧过程

气体、液体、固体燃烧都是在气态完成的。燃烧过程如图1—5所示。

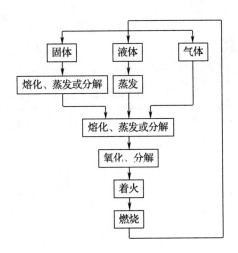

图1—5 燃烧过程

3. 燃烧产物

燃烧产物的特征和危险性见表1—1。

表1—1　　　　　　　　燃烧产物的特征和危险性

名　称	特　征	危　险　性
二氧化碳（CO_2）	无色、无臭	浓度7%~10%时使人窒息死亡
水（H_2O）	蒸汽	
一氧化碳（CO）	无色、无臭、剧毒、可燃	浓度0.5%时20~30 min使人死亡
二氧化硫（SO_2）	无色、臭	浓度0.05%时短时间使人死亡
五氧化二磷（P_2O_5）		引起咳嗽、呕吐
一氧化氮（NO）和二氧化氮（NO_2）	臭	浓度0.05%时短时间使人死亡
烟尘和烟雾		视成分而定

除水蒸气外，其他燃烧产物大多对人体有害。烟雾影响人们的视力，降低火场的能见度，导致逃生困难。高温的燃烧产物发出强烈热对流和热辐射能引起其他可燃物燃烧，造成新的火源甚至引起爆炸。

完全燃烧的产物有阻燃作用。当二氧化碳浓度达到30%时，燃烧停止。

4．火焰温度
一些物质燃烧火焰的温度见表1—2。

表1—2　　　　　　　　　燃烧火焰的温度

物质名称	火焰温度/℃	物质名称	火焰温度/℃
甲烷	1 800	乙炔	1 895
天然气	2 020	原油	1 100
烟煤	1 647	镁	3 000

二、爆炸

1．爆炸发生的条件
爆炸发生的条件是：有提供能量的可燃性物质、有辅助燃烧的助燃剂、有可燃物质与助燃剂的充分混合、有混合物存在的相对封闭的空间、有足够能量的点燃源。

2．爆炸参数
爆炸参数包括爆炸时产生的温度、压力、能量、传播速度等。

气体爆炸性混合物的爆炸温度多在2 000℃以上，一些气体爆炸性混合物的爆炸压力和压力增长速度见表1—3。

表1—3　　　气体爆炸性混合物的爆炸压力和压力增长速度

名称	爆炸压力/MPa	爆炸压力增长速度/MPa·s^{-1}
氢	0.61	88
乙炔	0.93	78
甲烷	0.71	—
苯	0.78	3
乙烯	0.76	54

3．爆炸的破坏形式
爆炸可能在不到1 s的时间内造成设备损坏、厂房倒塌、人员伤亡，具有极大的破坏力。其破坏力与爆炸物的数量和性质、爆炸时的条件以及爆炸位置等因素有关。主要破坏形式有：

（1）直接破坏作用

使设备、装置、容器等爆炸成许多碎片，且碎片飞出后在相当大的范围内造成危害。

（2）冲击波的破坏作用

爆炸时产生的高温高压气体以极高的速度膨胀，形成冲击波。冲击波传播过程中，可以对周围环境中的设备和建筑物产生破坏作用，使人员伤亡。冲击波还可以产生震荡作用，使物体因震荡而松散，甚至破坏。

（3）造成火灾

爆炸时产生的高温高压，建筑物内遗留大量的热能或残余火苗，会点燃现场存在的可燃气体或可燃液体的蒸气及其他易燃物，引起火灾。

（4）造成中毒和环境污染

许多物质不仅是可燃的，而且是有毒的，发生爆炸事故时，会使大量有害物质外泄，造成人员中毒和环境污染。

第2章　电气安全基础知识

第1节　电气事故与触电事故

一、电气事故种类

电气事故包括人身事故和设备事故。人身事故和设备事故都可能导致二次事故，而且二者很可能是同时发生的。

1. 触电事故

触电事故是由电流形式的能量造成的事故。触电事故分为电击和电伤。电击是电流直接通过人体造成的伤害。电伤是电流转换成热能、机械能等其他形式的能量作用于人体造成的伤害。在触电伤亡事故中，尽管85%以上的死亡事故是电击造成的，但其中约70%的带有电伤的因素。

2. 雷击事故

雷击事故是由自然界中正、负电荷形式的能量造成的事故。雷击有引起爆炸和火灾、造成触电、毁坏设备和设施以及造成事故停电的危险。

3. 静电事故

静电事故是工艺过程中或人们活动中产生的，相对静止的正电荷和负电荷形式的能量造成的事故。静电事故的主要危险是引起爆炸和火灾，另外还会造成电击和妨碍生产。

4. 电磁辐射事故

电磁辐射事故是电磁波形式的能量造成的事故。辐射电磁波指频率 100 kHz 以上的电磁波。

电磁辐射除对人体有伤害外，还能造成高频感应放电和电磁干扰。高频感应放电的火花在一定条件下可引起爆炸。

5. 电路事故

电路事故是由电能的传递、分配、转换失去控制或电气元件损坏等电路故障发展所造成的事故。断线、短路、接地、漏电、突然停电、误合闸送电、电气设备损坏等都属于电路故障。电路故障得不到控制即可发展成为电路事故。电路事故可导致触电、火灾等灾害。

二、触电事故概要

1. 触电事故分类

（1）电击

按照发生电击时带电体的状态，电击分为直接接触电击和间接接触电击。直接接触电击是触及正常状态下带电的带电体（如误触接线端子）发生的电击，也称为正常状态下的电击。间接接触电击是触及正常状态下不带电，而在故障状态下意外带电的带电体（如触及漏电设备的外壳）发生的电击，也称为故障状态下的电击。

根据人体触及带电体的方式和电流流过人体的途径，电击可分为单线电击、两线电击和跨步电压电击。

（2）电伤

电伤包括电弧烧伤、电流灼伤、皮肤金属化、电烙印、机械性损伤、电光眼等伤害。

2. 电流对人体的作用

（1）电流对人体作用的生理反应

电流对人体的作用事先没有任何预兆，伤害往往发生在瞬息之间，而且人体一旦遭到电击后，防卫能力迅速降低。

电流通过人体，会引起麻感、针刺感、打击感、痉挛、疼痛、呼吸困难、血压异常、昏迷、心律不齐、窒息、心室纤维性颤动等症状。

数十至数百毫安的小电流通过人体时，短时间使人致命的最危险的原因是引起心室纤维性颤动。发生心室纤维性颤动时，心脏每分钟颤动 1 000 次以上，但幅值很小，而且没有规则，血液实际上中止循环，如抢救不及时，数秒钟至数分钟将由诊断性死亡转为生物性死亡。

（2）电流对人体作用的影响因素

电流通过人体内部，对人体伤害的严重程度与通过人体的电流大小、电流通过人体的持续时间、电流通过人体的途径、电流的种类以及人体状况等多种因素有关。各影响因素之间，特别是电流大小与通电时间之间有着十分密切的关系。

1）电流大小的影响

通过人体的电流越大，人体的生理反应越明显、感觉越强烈，引起心室纤维性颤动所需要的时间越短，致命的危险性越大。

感知电流是在一定概率下，通过人体引起人有感觉的最小电流。人对电流最初的感觉是轻微麻感和微弱针刺感。人的感知电流约为 1 mA（工频有效值，下同）。摆脱电流是人触电后能自行摆脱带电体的最大电流。摆脱电流是人体可以忍受且一般尚不致造成严重后果的极限。电流超过摆脱电流以后，人会感到异常痛苦、恐慌和难以忍受，如果时间过长，则可能昏迷、窒息，甚至死亡。人的摆脱电流约为 10 mA。室颤电流是通过人体引起心室发生纤维性颤动的最小电流。在电流不超过数百毫安的情况下，电击致命的主要原因是引起心室纤维性颤动。发生心室纤维性颤动后，如无及时、有效的急救，数分钟乃至数秒钟将导致生物性死亡。当电流持续时间超过心脏跳动周期时，人的室颤电流约为 50 mA。

2）电流持续时间的影响

电击持续时间越长，越容易引起心室纤维性颤动，致命的危险性越大。这是因为电流持续时间越长时，导致人体内积累局外电能越多、电流重合心脏易损期、人体电阻下降、中枢神经功能衰减。

3）电流途径的影响

人体在电流的作用下，没有不危险的途径。心脏是最薄弱的环节。流过心脏电流越多，且电流路线越短的途径是电击危险性越大的途径。

4）电流种类的影响

不同种类的电流对人的危险程度不同，但各种电流都有致命的危险。直流电流电击的危险性比工频交流电流的小一些。10～1 000 Hz

的电流电击的危险性都很大。其中，30～500 Hz 是最危险的频段。

5）个体特征的影响

患有心脏病、中枢神经系统疾病等疾病的人遭受电击后的危险性较大。女性和儿童遭受电击后的危险性也较大。

(3) 人体阻抗

人体阻抗由皮肤、血液、肌肉、细胞组织及其结合部组成，是含有电阻和电容的阻抗。人体电容很小，工频条件下可以忽略不计，一般将人体阻抗当作是纯电阻。

在干燥条件下，接触电压为 100～220 V 时，人体电阻为 2 000～3 000 Ω。随着接触电压升高，人体电阻急剧降低。皮肤湿润、皮肤沾有导电性污物、接触面积增大、压力增大、温度升高都会导致人体电阻降低。

3. 触电事故分析

触电事故往往发生得很突然，而且在极短的时间内造成极为严重的后果。从发生率上看，触电事故的发生有以下规律：

(1) 错误操作和违章作业造成的触电事故多

其原因是安全教育不够、安全制度不严、安全措施不完善以及一些人缺乏足够的安全意识。

(2) 中、青年工人、非专业电工、合同工和临时工触电事故多

其原因是这些人是主要操作者，经常接触电气设备，而且其中一些人经验不足、缺乏用电安全知识、安全意识不强。

(3) 低压设备触电事故多

其原因是低压设备远远多于高压设备，与之接触的人远比与高压设备接触的人多，而且多数是缺乏电气安全知识的非电专业人员。应当注意，近几年来高压触电事故有增加的趋势；在专业电工中，高压触电事故比低压触电事故多。

(4) 移动式设备和临时性设备触电事故多

其原因是这些设备是在人的紧握之下运行，不但接触电阻小，而且一旦触电就难以摆脱带电体；同时，这些设备需要经常移动，工作条件差，设备和电源线都容易发生故障或损坏；此外，其中一些单相设备的 PE 线与 N 线容易接错，造成危险。

（5）电气连接部位触电事故多

其原因是连接部位机械牢固性较差、接触电阻较大、绝缘强度较低。

（6）每年6月至9月触电事故多

其原因是这段时间天气炎热、人体衣单而多汗，触电危险性较大；而且这段时间多雨、潮湿，地面导电性增强、电气设备的绝缘电阻降低，容易漏电和构成电流回路；其次，这段时间在大部分农村是农忙季节，农村用电量增加，触电事故增多。

（7）冶金、矿业、建筑、机械等行业触电事故多

其原因是这些行业的作业场所存在潮湿、高温、混乱、多移动式设备、多金属设备等不安全因素。

（8）农村触电事故多

其原因是农村设备条件较差、技术水平较低、人的安全知识不足。

第2节　常用防触电技术

一、绝缘、屏护和间距

1. 绝缘

（1）电工绝缘材料

电工绝缘材料有固体绝缘材料、液体绝缘材料和气体绝缘材料，分为无机绝缘材料、有机绝缘材料和复合绝缘材料。

（2）绝缘材料性能

绝缘材料有电性能、热性能、机械性能、化学性能、吸潮性能、抗生物性能等多项性能指标。

绝缘电阻指直流电阻，是电气设备最基本的安全指标。绝缘电阻用兆欧表测定。

绝缘材料的阻燃性能用氧指数评定。氧指数是在规定的条件下，材料在氧、氮混合气体中恰好能保持燃烧状态所需要的最低氧浓度。氧指数用百分数表示。氧指数在21%以下的材料为可燃性材料，氧指数在 21% ~ 27% 之间的为自熄性材料，氧指数在 27% 以上的为阻燃性材料。阻燃性材料应能保证短路电弧熄灭后或外部火源熄灭后不再继续燃烧，而且在一定的火焰温度（750 ~ 800℃）下，经过一定的时间（1.5 ~ 2 h），最里面的绝缘层仍有足够的绝缘能力维持通电。阻燃性绝缘材料可以抑制火灾的蔓延，具有减缓、终止有焰燃烧和抑制无焰燃烧的功能。

（3）绝缘破坏

绝缘材料受到电气、高温、潮湿、机械、化学、生物等因素的作用时均可能遭到破坏，并可归纳为绝缘击穿、绝缘老化、外因损伤三种破坏方式。

2. 屏护和间距

屏护是采用护罩、护盖、栅栏、箱体、遮栏等将带电体同外界隔绝开来；间距是将可能触及的带电体置于可触及范围之外。屏护和间距的安全作用是防止触电（防止触及或过分接近带电体）、防止短路及短路火灾、防止电气装置自身受到机械破坏以及便于安全操作。

屏护装置应符合以下安全条件：

（1）有足够的尺寸

遮栏高度不应小于 1.7 m，下部边缘离地面高度不应大于 0.1 m。户内栅栏高度不应小于 1.2 m；户外栅栏高度不应小于 1.5 m。户外变配电装置围墙高度一般不应小于 2.5 m。

（2）安装牢固并有足够的安装距离

对于低压设备，遮栏与裸导体的距离不应小于 0.8 m，栏条间距离不应大于 0.2 m。网眼遮栏与裸导体之间的距离，低压设备不宜小于 0.15 m。

（3）连接保护线

凡用金属材料制成的屏护装置，为了防止屏护装置意外带电造成触电事故，必须将屏护装置接地（或接零）。

（4）遮栏、栅栏等屏护装置上应根据被屏护对象挂上"止步！高压危险！""禁止攀登！"等标示牌。

（5）遮栏出入口的门上应根据需要安装信号装置和安全联锁装置。屏护装置上锁的钥匙应有专人保管。

带电体与地面之间、带电体与树木之间、带电体与其他设施和设备之间、带电体与带电体之间均需保持一定的安全距离。安全距离的大小决定于电压高低、设备类型、环境条件和安装方式等因素。

在低压作业中，人体及其所携带工具与带电体的距离不宜小于0.1 m。在10 kV作业中，无遮拦时人体及其所携带工具与带电体的距离不应小于0.7 m；有遮栏时遮栏与带电体之间的距离不应小于0.35 m。

二、接地保护

1. IT系统

IT系统即保护接地系统。

（1）IT系统安全原理

在不接地配电网中，当发生一相碰连外壳，设备无接地时和有接地时电流的走向如图2—1所示。图中，R是各相对地绝缘电阻、C是各相对地分布电容。正常情况下，R为兆欧级的电阻。如果近似将绝缘电阻看作是无限大，在对称条件下，运用戴维南定理可求得在无接地和有接地的两种情况下人体承受的电压分别为：

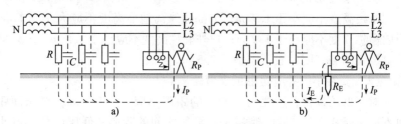

图2—1　IT系统原理

a）无接地　b）有接地

$$U_P = \frac{3\omega R_P C U}{\sqrt{9\omega^2 R_P^2 C^2 + 1}} \quad 和 \quad U_{PE} = 3U R_E \omega C$$

式中　U_P和U_{PE}——无接地和有接地时人体承受的电压；

　　　　ω——电源角频率；

　　　　R_P——人体电阻；

　　　　C——各相对地电容；

U——相电压；

R_E——接地电阻。

当配电网相电压为 220 V，各相对地绝缘电阻视为无限大，各相对地电容均为 0.55 μF，人体电阻为 2 000 Ω 的情况下，可按上式求得在无接地的情况下人体承受的电压为 $U_{P0} = 158.3$ V；在有接地且 $R_E = 4$ Ω 的情况下，人体承受的电压降低为 $U_P = 4.6$ V，危险性基本消除。

上面这种做法就是保护接地。这种系统称为 IT 系统。字母 I 表示配电网不接地或经高阻抗接地、字母 T 表示电气设备外壳直接接地。

应当指出，只有在不接地配电网中，由于其对地绝缘阻抗较高，单相接地电流较小，才有可能通过保护接地把漏电设备故障对地电压限制在安全范围之内。

（2）保护接地应用范围

保护接地适用于各种不接地配电网。在这类配电网中，凡由于绝缘损坏或其他原因而可能呈现危险电压的金属部位，如电动机、电器、移动式设备的金属外壳，配电装置的金属框架，穿电线的金属管等，除另有规定外，均应接地。

干燥场所交流额定电压 127 V 及以下、直流额定电压 110 V 及以下的电气设备的金属外壳，安装在已接地金属框架上的设备等，允许不接地。但在爆炸危险环境下，仍应接地。

（3）保护接地电阻值

在 380 V 不接地低压系统中，单相接地电流很小，为使设备漏电时外壳对地电压不超过安全范围，一般要求保护接地电阻 $R_E \leqslant 4$ Ω。

当配电变压器或发电机的容量不超过 100 kV·A 时，由于配电网分布范围很小，单相故障接地电流更小，可以放宽对接地电阻的要求，取 $R_E \leqslant 10$ Ω。

2. TT 系统

我国绝大部分地面企业的低压配电网都采用如图 2—2 所示星形接法的低压中性点直接接地的三相四线配电网。这不仅是因为这种配电网能提供一组线电压和一组相电压，便于动力和照明由同一台变压器供电，还在于这种配电网具有较好的过电压防护性能、一相故障接地时单相电击的危险性较小、故障接地点比较容易检测等优点。中性点引出的 N 线称为中性线。由于 N 线的作用是与任一相线一起提供 220 V 的工作电压，而且是与零电位大地连起来的，因此 N 线也称为工作零线。中性点的接地称为工作接地。

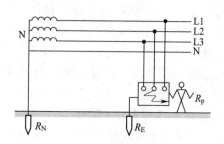

图 2—2　TT 系统原理

　　接地的配电网中发生单相电击时，人体承受的电压接近相电压。也就是说，在接地的配电网中，单相电击的危险性远大于不接地的配电网中单相电击的危险性。

　　如图 2—2 所示为设备外壳采取了接地措施的情况。这种做法虽然类似不接地配电网中的保护接地，但由于在这里电源中性点是直接接地的，而与 IT 系统有重大区别。这种配电防护系统称为 TT 系统。第一个字 T 表示的就是电源是直接接地的。这时，如有一相漏电，则故障电流主要经接地电阻 R_E 和工作接地电阻 R_N 构成回路，一般情况下，R_N、$R_E \ll R_P$，漏电设备对地电压即人体电压近似为：

$$U_P \approx \frac{R_E}{R_E + R_P} U$$

这一电压与没有接地时接近相电压的对地电压比较，确已明显降低，但由于 R_E 和 R_N 同在一个数量级，漏电设备对地电压一般降低不到安全范围以内。

　　另一方面，由于故障电流主要经 R_E 和 R_N 构成回路，电流不可能太大，一般的短路保护装置不起作用，不能及时切断电源，会使故障长时间延续下去。

　　因此，只有在采用其他防止间接接触电击的措施确有困难的条件下才可考虑采用 TT 系统。而且，采用 TT 系统还必须同时采取其他防止电击的辅助措施。

TT 系统主要用于低压共用用户，即用于未装备配电变压器，从外面直接引进低压电源的小型用户。在 TT 系统中必须装设能自动切断漏电故障的漏电保护装置（剩余电流保护装置）或具有同等功能的过电流保护装置，并优先采用前者。

三、接零保护

1. 保护接零系统安全原理和类别

保护接零系统就是 TN 系统。TN 系统中的字母 N 表示电气设备在正常情况下不带电的金属部分与配电网中性点（N 点）之间金属性的连接，亦即与配电网保护零线之间的直接连接。

保护接零的原理如图 2—3 所示，当某相带电体碰连设备外壳时，通过设备外壳形成该相对保护零线的单相短路，短路电流促使线路上的短路保护元件迅速动作，从而将故障部分断开电源，消除电击危险。此外，保护接零也能在一定程度上降低漏电设备对地电压。

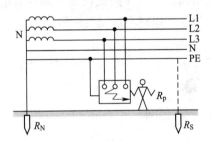

图 2—3 TN 系统原理

TN 系统分为 TN‑S、TN‑C‑S、TN‑C 三种方式。如图 2—4 所示，TN‑S 系统是保护零线与工作零线完全分开的系统；TN‑C‑S 系统是干线部分的前一段保护零线与工作零线共用，后一段保护零线与工作零线分开的系统；TN‑C 系统是干线部分保护零线与工作零线完全共用的系统。

在 TN 系统中，应当区别工作零线和保护零线。前者即中性线，用 N 表示；后者即保护导体，用 PE 表示。如果一条线既是工作零线又是保护零线，则用 PEN 表示。

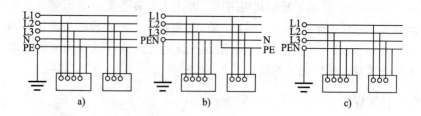

图 2—4　TN 系统

a) TN – S 系统　b) TN – C – S 系统　c) TN – C 系统

2. TN 系统的速断要求

在接零系统中，对于配电线路或仅供给固定式电气设备的线路，故障持续时间不宜超过 5 s；对于供给手持式电动工具、移动式电气设备的线路或插座回路，电压 220 V 时故障持续时间应不超过 0.4 s、380 V 时应不超过 0.2 s；否则，应采取能将故障电压限制在许可范围之内的等电位联结措施。配电线路或仅供给固定式电气设备的线路之所以放宽规定是因为这些线路不常发生故障，而且接触的可能性较小，即使触电也比较容易摆脱。

为了实现保护接零要求，一般可以采用过电流保护装置或剩余电流保护装置。

3. 保护接零的应用范围

保护接零用于中性点直接接地的 0.23/0.4 kV 三相四线配电网。在保护接零系统中，凡因绝缘损坏而可能呈现危险对地电压的金属部分均应接零。

TN – S 系统可用于有爆炸危险，或火灾危险性较大，或安全要求较高的场所；宜用于有独立附设变电站的车间。TN – C – S 系统宜用于厂内设有总变电站，厂内低压配电的场所及民用住宅。TN – C 系统可用于无爆炸危险、火灾危险性不大、用电设备较少、用电线路简单且安全条件较好的场所。

在接地的三相四线配电网中，应当采取接零保护。但在现实中，往往会发现如图 2—5 所示的接零系统中个别设备只做接地、未做接零的情况，即在 TN 系统中个别设备构成 TT 系统的情况。这种情况是不安全的。在这种情况下，当接地的设备漏电时，该设备和保护零线（含所有接零设备）对地电压分别为：

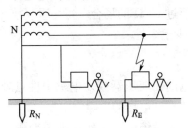

图 2—5　TT 与 TN 的混合系统

$$U_E = \frac{R_E}{R_N + R_E} U \quad \text{和} \quad U_N = U - U_E = \frac{R_N}{R_N + R_E} U$$

这里，R_E 是该设备的接地电阻值、R_N 是工作接地与零线上所有重复接地电阻的并联值。U_E 和 U_N 二者都可能是危险电压。这时的故障电流不太大，往往不能促使短路保护元件动作以切断电源，危险状态将在大范围内持续存在。因此，除非接地的设备装有快速切断故障的自动保护装置（如漏电保护装置），不得在 TN 系统中混用 TT 方式。

如果将接地设备的外露金属部分再同保护零线连接起来，构成 TN 系统，其接地成为重复接地，对安全是有益无害的。

4. 重复接地

重复接地指 PE 线或 PEN 线上除工作接地以外其他点的再次接地。图 2—3 中的 R_S 即重复接地。

（1）重复接地的作用

在接零系统中，PE 线和 PEN 线断开或接触不良是很危险的。重复接地能减轻或消除零线断开或接触不良时电击的危险性，能进一步降低漏电设备上的故障对地电压，能改善架空线路的防雷性能，还能缩短漏电故障持续时间。

（2）重复接地的要求

电缆或架空线路引入车间或大型建筑物处、配电线路的最远端及每 1 km 处、高低压线路同杆架设时共同敷设段的两端应作重复接地。

一个配电系统可敷设多处重复接地，并尽量均匀分布，以等化各点电位。

每一重复接地的接地电阻不得超过 10 Ω；在变压器低压工作接地的接地电阻允许不超过 10 Ω 的场合，每一重复接地的接地电阻允许不超过 30 Ω，但不得少于 3 处。

5. 工作接地

工作接地指配电网在变压器或发电机中性点处的接地。工作接地的主要作用是减轻各种过电压的危险。

在不接地的 10 kV 系统中，工作接地与变压器外壳的接地、避雷器的接地是共用的。其接地电阻应根据三者中要求最高的确定。在这样的系统中，工作接地应能保证当发生高压窜入低压的情况时，低压中性点对地电压升高不得超过 120 V。不接地 10 kV 系统的单相接地电流一般不超过 30 A，工作接地的接地电阻不超过 4 Ω 是能够满足要求的。在高土壤电阻率地区，允许放宽至不超过 10 Ω。

在直接接地的 10 kV 系统中，工作接地和变压器外壳的接地应与避雷器的接地分开。

6. 等电位联结

等电位联结指保护导体与建筑物的金属结构、生产用的金属装备以及允许用作保护线的金属管道等用于其他目的的不带电导体之间的联结。

等电位联结是保护接零系统的组成部分。如图 2—6 所示。保护导体干线应接向低压总开关柜。总开关柜内保护导体端子排与自然导体之间的联结称为主等电位联结。总开关柜以下，保护导体接向配电箱或用电设备。如配电箱或用电设备的保护接零难以满足速断要求，为了提高保护接零的可靠性，可将其与自然导体之间再进行联结。这一联结称为辅助等电位联结。

总等电位联结导体的最小截面不得小于最大保护导体的 1/2；两台设备之间局部等电位联结导体的最小截面不得小于两台设备保护导体中较小者的截面；设备与设备外导体之间的局部等电位联结线的截面不得小于该设备保护接零支线的 1/2。

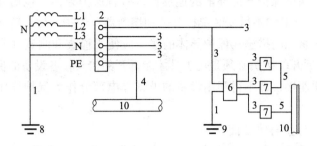

图2—6 保护接零与等电位联结

1—接地线；2—PE线端子排；3—PE线；4—主等电位联结线；
5—辅助等电位联结线；6—配电箱；7—用电设备；8—工作接地；
9—重复接地；10—可连接的自然导体

四、保护导体和接地装置

1. 保护导体

（1）保护导体组成

保护导体包括保护接地线、保护接零线和等电位联结线。保护导体分为人工保护导体和自然保护导体。

交流电气设备应优先利用自然导体作保护导体。例如，建筑物的金属结构（梁、柱等）及设计规定的混凝土结构内部的钢筋、生产用的起重机的轨道、配电装置的外壳、走廊、平台、电梯竖井、起重机与升降机的构架、运输皮带的钢梁、电除尘器的构架、配线的钢管、电缆的金属构架及铅、铝包皮（通信电缆除外）等均可用作自然保护导体。在低压系统，还可利用不流经可燃液体或可燃气体的金属管道作保护导体。

人工保护导体可以采用多芯电缆的芯线、与相线同一护套内的绝缘线、固定敷设的绝缘线或裸导体等。

保护导体干线必须与电源中性点和接地体（工作接地、重复接地）相连。保护导体支线与保护干线相连。为提高可靠性，保护干线应经两条连接线与接地体连接。

利用自来水管作保护导体必须得到供水部门的同意，而且水表及其他可能断开处应予跨接。

为了保持保护导体导电的连续性，所有保护导体，包括有保护作用的 PEN 线上均不得安装单极开关和熔断器；保护导体应有防机械损伤和化学腐蚀的措施；保护导体的接头应便于检查和测试（封装的除外）；可拆开的接头必须是用工具才能拆开的接头；各设备的保护支线不得串联连接，即不得利用设备的外露导电部分作为保护导体的一部分。

（2）保护导体截面

为满足导电能力、热稳定性、机械稳定性、耐化学腐蚀的要求，保护导体必须有足够的截面。

当保护线与相线材料相同时，保护线可以按表 2—1 选取；如果保护线与相线材料不同，可按相应的阻抗关系考虑。

表 2—1　　　　　保护零线截面选择表

相线截面 S_L/mm^2	保护零线最小截面 S_{PE}/mm^2
$S_L \leqslant 16$	S
$16 < S_L \leqslant 35$	16
$S_L > 35$	$S/2$

除应用电缆芯线或金属护套作保护线外，采用单芯绝缘导线作保护零线时，有机械防护的不得小于 2.5 mm^2；没有机械防护的不得小于 4 mm^2。

兼用作工作零线、保护零线的 PEN 线的最小截面除应满足不平衡电流和谐波电流的导电要求外，还应满足保护接零可靠性的要求。为此，要求铜质 PEN 线截面不得小于 10 mm^2、铝质的不得小于 16 mm^2，如是电缆芯线，则不得小于 4 mm^2。

电缆线路应利用其专用保护芯线和金属包皮作保护零线。如电缆没有专用保护芯线，应采用两条电缆的金属包皮作保护零线，并最好再沿电缆敷设一条 20 mm×4 mm 的扁钢作为辅助保护零线；仅有一条电缆时，除利用其金属包皮外，还须敷设一条 20 mm×4 mm 的扁钢。

用作保护零线的自然导体与相线之间的距离不宜超过 6 m。

2. 接地装置

接地装置是接地体（极）和接地线的总称。运行中电气设备的接地装置应当始终保持在良好状态。

（1）自然接地体和人工接地体

自然接地体是用于其他目的，但与土壤保持紧密接触的金属导体。例如，埋设在地下的金属管道（有可燃或爆炸性介质的管道除外）、金属井管、与大地有可靠连接的建筑物的金属结构、水工构筑物及类似构筑物的金属管或桩等自然导体均可用作自然接地体。利用自然接地体不但可以节省钢材和施工费用，还可以降低接地电阻和等化地面及设备间的电位。如果有条件，应当优先利用自然接地体。当自然接地体的接地电阻符合要求时，可不敷设人工接地体（发电厂和变电所除外）。在利用自然接地体的情况下，应考虑到自然接地体拆装或检修时，接地体被断开，断口处出现电位差及接地电阻发生变化的可能性。自然接地体至少应有两根导体在不同地点与接地网相连（线路杆塔除外）。利用自来水管以及利用电缆的铅、铝包皮作接地体时，必须取得主管部门同意，以便施工和检修时互相配合。

人工接地体可采用型钢，也允许用废钢铁等制成。人工接地体宜采用垂直接地体，多岩石地区可采用水平接地体。垂直埋设的接地体可采用钢管、角钢或圆钢。垂直接地体可以成排布置，也可以作环形布置。水平埋设的接地体可采用扁钢或圆钢。水平接地体可成放射形布置，也可成排布置或环形布置。

为了保证足够的机械强度，并考虑到防腐蚀的要求，钢质接地体的最小尺寸见表2—2。

表 2—2　　　钢质接地体和接地线的最小尺寸

材料种类		地上		地下	
		室内	室外	交流	直流
圆钢直径/mm		6	8	10	12
扁钢	截面/mm²	60	100	100	100
	厚度/mm	3	4	4	6
角钢厚度/mm		2	2.5	4	6
钢管管壁厚度/mm		2.5	2.5	3.5	4.5

（2）接地线

交流电气设备应优先利用自然导体作接地线。在非爆炸危险环境，如自然接地线有足够的截面，可不再另行敷设人工接地线。

如果车间电气设备较多，宜敷设接地干线。各电气设备外壳分别与接地干线连接。接地干线经两条连接线与接地体连接。各电气设备的接地支线应单独与接地干线或接地体相连，不应串联连接。接地线截面应与相线截面相适应。

非经允许，接地线不得作其他电气回路使用。不得利用蛇皮管、管道保温层的金属外皮或金属网以及电缆的金属护层作接地线。

（3）接地装置安装

每一垂直接地体的垂直元件不得少于 2 根。垂直元件的长度以 2~2.5 m 为宜：太短了增加流散电阻；太长了施工困难，而且接地电阻减小甚微。相邻垂直元件之间的距离为其长度的 1~3 倍。接地体垂直元件上端用扁钢或圆钢焊接成一个整体。为了减小自然因素对接地电阻的影响，接地体上端深度不应小于 0.6 m（农田地带不应小于 1 m），并应在冰冻层以下。接地体的引出导体应高出地面 0.3 m 以上。接地体离独立避雷针接地体之间的地下距离不得小于 3 m；离建筑物墙基之间的地下距离不得小于 1.5 m。

普通垂直接地体可打入地下。对于挖坑埋设者，回填土不应夹有石块、建筑垃圾等杂物，并应分层夯实。

接地体宜避开人行道和建筑物出入口附近。接地装置应尽量避免敷设在腐蚀性较强的地带。如不能避开，则应采取防腐蚀措施。必要时可采用外引式接地装置，否则应采取改良土壤的措施。接地体的引出线和连接部位应作防腐处理。

为防止机械损伤和化学腐蚀，接地线与铁路或公路的交叉处及其他可能受到损伤处，均应穿管或用角钢保护。如穿过铁路，接地线应向上拱起，以便有伸缩余地，防止受到损伤。接地线穿过墙壁、楼板、地坪时，应敷设在明孔、管道或其他坚固的保护管中。接地线与建筑物伸缩缝、沉降缝交叉时，应弯成弧状或另加补偿连接件。

接地线的位置应便于检查，并不妨碍设备的拆卸和检修。

对于网络接地体，网络应做成圆角，网络外缘应采取均压措施，以防止跨步电压的危险；还应当注意防止高电位引出和低电位引入的可能性。

接地装置地下部分的连接应采用焊接，并应采用搭焊，不得有虚焊。扁钢与扁钢搭接长度不得小于扁钢宽度的 2 倍，且至少在三个棱边施焊；圆钢与圆钢、圆钢与扁钢搭接长度不得小于圆钢直径的 6 倍，且至少在两边施焊；扁钢与钢管、扁钢与角钢焊接时，除应在接触部位两侧进行焊接外，并应在交叉连接处焊以圆弧形或直角形卡子（包板），或直接将扁钢弯成圆弧形或直角形与钢管或角钢焊接。

（4）接地装置检查和维护

1）接地装置定期检查周期为：

①变、配电站接地装置每年检查一次，并于干燥季节每年测量一次接地电阻。

②车间电气设备的接地装置每半年检查一次，并于干燥季节每年测量一次接地电阻。

③防雷接地装置每年雨季前检查一次；避雷针的接地装置每 5 年测量一次接地电阻。

④手持电动工具的接零线或接地线每次使用前进行检查。

⑤有腐蚀性的土壤内的接地装置每 5 年局部挖开检查一次。

2）接地装置定期检查的主要内容为：

①检查各部连接是否牢固、有无松动、有无脱焊、有无严重锈蚀。

②检查接零线、接地线有无机械损伤或化学腐蚀，涂漆有无脱落。

③检查人工接地体周围有无堆放强烈腐蚀性物质。

④检查地面以下 0.5 m 处的腐蚀和锈蚀情况。

⑤测量接地电阻是否合格。

五、双重绝缘

双重绝缘属于防止间接接触电击的安全技术措施。

1. 双重绝缘结构

双重绝缘是强化的绝缘结构。强化的绝缘结构包括双重绝缘和加强绝缘两种类型。如图 2—7 所示是双重绝缘结构和加强绝缘结构的示意图。双重绝缘指工作绝缘（基本绝缘）和保护绝缘（附加绝缘）。前者是带电体与不可触及的导体之间的绝缘，是保证设备正常工作和防止电击的基本绝缘；后者是不可触及的导体与可触及的导体之间的绝缘，是当工作绝缘损坏后用于防止电击的绝缘。加强绝缘是具有与上述双重绝缘相同绝缘水平的单一绝缘。

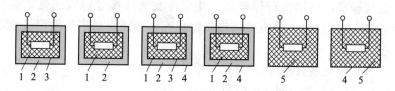

图 2—7　双重绝缘和加强绝缘

1—工作绝缘；2—保护绝缘；3—不可触及的导体；

4—可触及的导体；5—加强绝缘

具有双重绝缘的电气设备属于Ⅱ类设备。按其外壳特征，Ⅱ类设备分为以下三种类型：

（1）绝缘外壳基本上连成一体的Ⅱ类设备。

（2）金属外壳基本上连成一体的Ⅱ类设备。

（3）兼有部分绝缘外壳和部分金属外壳的Ⅱ类设备。

2.　Ⅱ类设备的应用

从安全角度考虑，一般场所使用的手持电动工具应优先选用Ⅱ类工具。在潮湿场所或金属构架上的工作应尽量选用Ⅲ类工具或安全电压的工具。

Ⅱ类设备在其明显部位应有"回"形标志。Ⅱ类设备不得再行接地或接零。

应定期测量双重绝缘设备可触及部位与工作时带电部位之间的绝缘电阻是否符合要求。绝缘电阻用 500 V 直流电压测试。工作绝缘的绝缘电阻不得低于 2 MΩ，保护绝缘的绝缘电阻不得低于 5 MΩ，加强绝缘的绝缘电阻不得低于 7 MΩ。

Ⅱ类设备的电源连接线应按加强绝缘考虑。电源插头上不得有起导电作用以外的金属件。

六、安全电压

安全电压是在一定条件下、一定时间内不危及生命安全的电压。根据欧姆定律，可以把加在人身上的电压限制在某一范围之内，使得在这种电压下，通过人体的电流不超过特定的允许范围。这一电压就是安全电压。

有的标准上提到三种安全电压，即安全特低电压（SELV）、保护特低电压（PELV）和功能特低电压（FELV）。安全电压的国家标准没有明确这三种电压的区分。

安全电压属于既能防止间接接触电击也能防止直接接触电击的安全技术措施。具有安全电压的设备属于Ⅲ类设备。

1. 安全电压限值和额定值

（1）限值

安全电压限值是在任何情况下，任意两导体之间都不得超过的电压值。我国标准规定工频安全电压有效值的限值为 50 V。这一限值是根据人体电流 30 mA 和人体电阻 1 700 Ω 的条件确定的。我国标准规定直流安全电压的限值为 120 V。

对于电动儿童玩具及类似电器，当接触时间超过 1 s 时，建议干燥环境中工频安全电压有效值的限值取 33 V，直流安全电压的限值取 70 V；潮湿环境中工频安全电压有效值的限值取 16 V，直流安全电压的限值取 35 V。

（2）额定值

我国规定工频有效值的额定值有 42 V、36 V、24 V、12 V 和 6 V。凡特别危险环境使用的携带式电动工具应采用 42 V 安全电压的Ⅲ类工具；凡有电击危险环境使用的手持照明灯和局部照明灯应采用 36 V 或 24 V 安全电压；金属容器内、隧道内、水井内以及周围有大面积接地导体等工作地点狭窄、行动不便的环境应采用 12 V 安全电压；6 V 安全电压用于特殊场所。当电气设备采用 24 V 以上安全电压时，必须采取直接接触电击的防护措施。

2. 安全电源及回路配置

(1) 安全电源

通常采用安全隔离变压器作为安全电压的电源。其接线如图2—8所示。安全隔离变压器的一次与二次之间有良好的绝缘；其间还可用接地的屏蔽隔离开来。除隔离变压器外，具有同等隔离能力的发电机、蓄电池、电子装置等均可做成安全电压电源。但不论采用什么电源，安全电压边均应与高压边保持双重绝缘的绝缘水平。

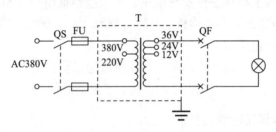

图2—8　安全隔离变压器接线图

一般用途的单相安全隔离变压器的额定容量不应超过 10 kV・A，三相的不应超过 16 kV・A。电铃用变压器的额定容量不应超过 100 V・A。玩具用变压器的额定容量不应超过 200 V・A。

安全隔离变压器的外壳结构应能防止偶然触及带电部分的可能性。变压器的各附件应予紧固，运行中不得因振动、发热而松动。盖板至少应有两种方式加以固定，而且，其中至少有一种方式必须使用工具实现。安全隔离变压器应具有耐热、防潮、防水及抗震的结构。

安全隔离变压器的输入导线和输出导线应有各自的通道。固定式变压器的输入电路中不得采用插接件。可移动式变压器（带插销者除外）应带有 2 ~ 4 m 的电源线。

安全隔离变压器各部分绝缘电阻应满足表2—3的要求。

表2—3　　　　　　　　隔离变压器的绝缘电阻

部位	绝缘电阻/MΩ
带电部分与壳体之间的工作绝缘	2
带电部分与壳体之间的加强绝缘	7

部位	绝缘电阻/MΩ
输入回路与输出回路之间	5
输入回路与输入回路之间	2
输出回路与输出回路之间	2
Ⅱ类变压器的带电部分与金属物件之间	2
Ⅱ类变压器的金属物件与壳体之间	5
绝缘壳体上的内、外金属物件之间	2

当环境温度为 35℃，安全隔离变压器正常使用时金属材料握持部分的温升不得超过 20 K，其他材料的温升不得超过 40 K。对于不被持续握持的外壳，温升分别不得超过 25 K 和 50 K。

Ⅰ类变压器可能触及的金属部分必须接地（或接零）。其电源线中，应有一条专用的黄绿相间颜色的保护线。Ⅱ类变压器不采取接地（或接零）措施，没有接地端子。

（2）回路配置

安全电压回路的带电部分必须与较高电压的回路保持电气隔离，并不得与大地、保护接零（地）线或其他电气回路连接。但变压器外壳及其一、二次线圈之间的屏蔽隔离层应按规定接地或接零。如果变压器不具备双重绝缘的结构，为了减轻变压器一次线圈与二次线圈短接的危险，二次线圈应接地或接零。

安全电压的配线最好与其他电压等级的配线分开敷设。否则，其绝缘水平应与共同敷设的其他较高电压等级配线的绝缘水平一致。

（3）插销座

安全电压设备的插销座不得带有接零或接地插头或插孔。为了防止与其他电压的插销座有插错的可能，安全电压应采用不同结构的插销座，或者在其插座上有明显的标志。

（4）短路保护

安全隔离变压器的一次边和二次边均应装设短路保护元件。

（5）功能特低电压

如果电压值与安全电压值相符，而由于功能上的原因，电源或回路配置不完全符合安全电压的要求，则称之为功能特低电压。其补充安全要求是：装设必要的屏护或加强设备的绝缘，以防止直接接触电击；当该回路与一次边保护零线或保护地线连接时，一次边应装设防止电击的自动断电装置，以防止间接接触电击。其他要求与安全电压相同。

七、漏电保护

漏电保护装置主要用于防止间接接触电击和直接接触电击。用于防止直接接触电击时只作为基本防护措施的补充保护措施。漏电保护装置也可用于防止漏电火灾，以及用于监测一相接地故障。

按照动作原理，漏电保护装置分为电压型装置和电流型装置；按照有无电子元器件，分为电子式和电磁式漏电保护装置；按照极数，分为二极、三极和四极漏电保护装置等。

1. 漏电保护原理和特点

剩余电流型漏电保护即零序电流型漏电保护。这种漏电保护装置采用零序电流互感器作为触电或漏电信号的检测元件。

电磁式电流型漏电保护的原理如图2—9所示。这种保护装置以极化电磁铁 FV 作为中间机构。这种电磁铁由于有永久磁铁而具有极性，而且在正常情况下，永久磁铁的吸力克服弹簧的拉力使衔铁保持在闭合位置。图中，三条相线和一条工作零线穿过环形的零序电流互感器OTA 构成互感器的一次侧，与极化电磁铁连接的线圈构成互感器的二

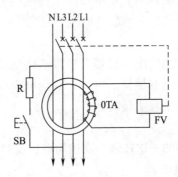

图2—9　电磁式电流型漏电保护

次侧。设备正常运行时，互感器一次侧电流在其铁芯中产生的磁场互相抵消，互感器二次侧不产生感应电动势，电磁铁不动作。设备发生漏电或后方有人触电时，出现额外的零序电流（即剩余电流），互感器二次侧产生感应电动势，电磁铁线圈中有电流流过，并产生交变磁通。这个交变磁通与永久磁铁的磁通叠加，产生去磁作用，使吸力减小，衔铁被反作用弹簧拉开，电磁铁动作，并通过开关设备断开电源。图中，SB、R 是检查支路，SB 是检查按钮，R 是限流电阻。

电磁式漏电保护装置结构简单、承受过电流或过电压冲击的能力较强；但其灵敏度不高，而且工艺难度较大。

在检测元件与执行元件之间增设电子放大环节，即构成电子式漏电保护装置。电子式漏电保护装置灵敏度很高、动作参数容易调节，但其可靠性较低、承受电磁冲击的能力较弱。

2. 漏电保护装置的动作参数

电流型漏电保护装置的主要动作参数是动作电流和动作时间。

电流型漏电保护装置的动作电流可分为 0.006 A、0.01 A、0.015 A、0.03 A、0.05 A、0.075 A、0.1 A、0.2 A、0.3 A、0.5 A、1.3 A、5 A、10 A、20 A 这 15 个等级。其中，30 及 30 mA 以下的属高灵敏度，主要用于防止触电事故；30 mA 以上、1 000 mA 及 1 000 mA 以下的属中灵敏度，用于防止触电事故和漏电火灾；1 000 mA 以上的属低灵敏度，用于防止漏电火灾和监视单相接地故障。为了避免误动作，保护装置的额定不动作电流不得低于额定动作电流的 1/2。

漏电保护装置的最大分断时间应根据保护要求确定。按照动作时间，漏电保护装置有快速型、定时限型和反时限型之分。延时型的只能用于动作电流 30 mA 以上的漏电保护装置，其动作时间可选为 0.2 s、0.8 s、1 s、1.5 s 和 2 s。

无延时电流动作型漏电保护装置的最大分断时间应符合表 2—4 的要求。对于额定动作电流不大于 30 mA 的漏电保护装置，允许用 0.25A 代替 $5I_{\Delta N}$。

防止触电的漏电保护装置宜采用高灵敏度、快速型装置。

表 2—4　　　　　　　　　漏电保护装置的最大分断时间/s

额定动作电流 $I_{\Delta N}$/mA	动作时间			
	$I_{\Delta N}$	$2I_{\Delta N}$	0.25 A	$>5I_{\Delta N}$
任意值	0.3	0.15	0.04	0.04

3. 漏电保护装置安装

有金属外壳的 I 类移动式电气设备、安装在潮湿或强腐蚀等恶劣场所的电气设备、建筑施工工地的施工电气设备、临时性电气设备、宾馆客房内的插座、触电危险性较大的民用建筑物内的插座、游泳池或浴池类场所的水中照明设备、安装在水中的供电线路和电气设备以及医院中直接接触人体的医用电气设备（胸腔手术室的除外）等均应安装漏电保护装置。

对于公共场所的通道照明电源和应急照明电源、消防用电梯及确保公共场所安全的电气设备、用于消防设备的电源（如火灾报警装置、消防水泵、消防通道照明等）、用于防盗报警的电源以及其他不允许突然停电的场所或电气装置的电源，漏电时立即切断电源将会造成其他事故或重大经济损失。在这些情况下，应装设不切断电源的漏电报警装置。

从防止触电的角度考虑，使用安全电压供电的电气设备、一般环境条件下使用的具有双重绝缘或加强绝缘结构的电气设备、一般环境条件下使用隔离变压器供电的电气设备、在采用不接地的局部等电位连接措施的场所中使用的电气设备以及其他没有漏电危险和触电危险的电气设备可以不安装漏电保护装置。

安装漏电保护装置前，应仔细检查其外壳、铭牌、接线端子、试验按钮、合格证等是否完好。

漏电保护断路器的安装应符合生产厂家产品说明书的要求；漏电保护断路器的额定电压、额定电流、额定分断能力、极数、环境条件以及额定漏电动作电流和分断时间在满足被保护供电线路和电气设备运行要求的同时，还必须满足安全要求。

漏电保护断路器应安装在无腐蚀性气体、无爆炸危险（防爆型除外）的场所，并应注意防潮、防尘、防强震、防阳光直射、防磁场干扰的要求；安装位置应便于检查、便于操作。保护器应垂直安装，并安装牢固。安装带有短路保护的漏电开关必须保证在电弧喷出方向留有足够的飞弧距离。

第3节　防爆工具和电工安全用具

一、防爆工具

防爆工具是用于爆炸危险场所，摩擦、撞击时不产生机械火花或产生几乎看不到的火花的工具。防爆工具包括如图 2—10 所示锤子、扳手、旋具、钳等小型手工工具，以及手拉葫芦、液压铲车等较大的工具。

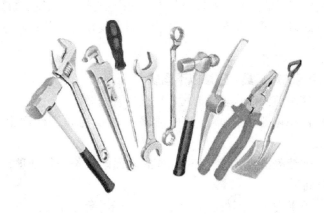

图 2—10　防爆工具

1. 按照所用材质，防爆工具主要分为

（1）铝铜合金防爆工具

是以高纯度电解铜为基体加入适量铝、镍、锰、铁等金属生成铜基合金制成的工具。铝铜合金经热处理后，其硬度和耐磨性能与铍青

铜接近。铝铜合金工具宜用于加油站、小型油库等对防爆条件要求不太高的场所。

（2）铍青铜合金防爆工具

是以高纯度电解铜为基体加入适量铍、镍等金属生成铜基合金制成的工具。铍青铜合金没有磁性，可应用于强磁场环境。铍铜合金工具可用于炼油厂、转气站、采气厂、钻井队等对防爆条件要求较高的场所。

2. 按照制造工艺，防爆工具分为

（1）铸造工艺

属传统制造工艺。铸造工艺优点是工艺简单、制造成本低；缺点是产品密度、硬度、抗拉强度、扭力较低，气孔、沙眼较多，使用寿命较短。

（2）锻造工艺

属于新兴的新制造工艺，是利用压力机或冲床，配合高耐热模具一次性锻压成形的工艺。锻造工艺优点是产品密度、硬度、抗拉强度、扭力明显提高，基本上不出现气孔、沙眼，使用寿命长；缺点是成本较高。

3. 使用防爆工具应注意以下问题

（1）使用前要清除表面油污，检查是否完好。

（2）使用敲砸类工具前，应清除现场杂物和工作面上的氧化物。

（3）连续敲击20次后应对工具的表面附着物进行处理，避免连续使用时间过长。

（4）扳手类工具不可超力使用，更不能用套管等加长力臂。

（5）磨削刃口类工具不可用力过猛、不可接触砂轮时间过长。

（6）使用完毕应将工具擦净，妥善存放在干燥的地方。

二、电工安全用具

电工安全用具是电工作业人员在安装、运行、检修等操作中用以防止触电、坠落、灼伤等伤害的电工专用用具。

1. 电工安全用具种类及作用

（1）绝缘安全用具

绝缘安全用具包括绝缘杆、绝缘夹钳、绝缘靴、绝缘手套、绝缘垫和绝缘站台等用具。绝缘安全用具分为基本安全用具和辅助安全用具。前者的绝缘强度能长时间承受电气设备的工作电压，能直接用来操作电气设备；后者的绝缘强度不足以承受电气设备的工作电压，只能加强基本安全用具的作用。

绝缘杆（见图2—11）和绝缘夹钳（见图2—12）都是基本安全用具。绝缘杆和绝缘夹钳都由工作部分、绝缘部分和握手部分组成。绝缘部分和握手部分用浸过绝缘漆的木材、硬塑料、胶木或玻璃钢制成，其间有护环分开。

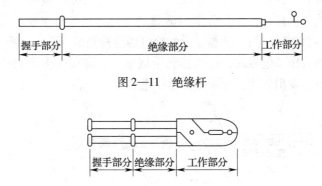

握手部分　　　绝缘部分　　　工作部分

图2—11　绝缘杆

握手部分｜绝缘部分｜工作部分

图2—12　绝缘夹钳

绝缘杆可用来操作高压隔离开关、操作跌开式熔断器、安装和拆卸临时接地线以及进行测量和试验等工作。绝缘夹钳主要用来拆除和安装熔断器及其他类似工作。

绝缘杆工作部分金属钩的长度，在满足工作需要的情况下，不宜超过5~8 cm，以免操作时造成短路。

绝缘手套和绝缘靴用橡胶制成。二者都作为辅助安全用具，但绝缘手套可作为低压工作的基本安全用具、绝缘靴可作为防护跨步电压的基本安全用具。绝缘手套的长度至少应超过手腕10 cm。

绝缘垫和绝缘站台只作为辅助安全用具。绝缘垫用厚度5 mm以上，表面有防滑条纹的橡胶制成。其最小尺寸不宜小于 0.8 m × 0.8 m。绝缘站台用木板或木条制成。相邻板条之间的距离不得大于 2.5 cm；站台上不得有金属零件；台面板用支持绝缘子与地面绝缘，支持绝缘子高度不得小于 10 cm；台面板边缘不得伸出绝缘子以外。绝缘站台最小尺寸不宜小于 0.8 m×0.8 m，但为了便于移动和检查，最大尺寸也不宜大于 1.5 m×1.5 m。

（2）验电器

验电器分为高压验电器和低压验电器，用来检验导体是否有电。

低压验电器俗称低压验电笔。低压验电器用氖灯发光或用液晶显示。

氖管发光显示的低压验电器的解体结构如图 2—13 所示。这种验电器由氖管、2 MΩ 电阻、弹簧、笔身、金属探头等组成。弹簧、氖管、电阻依次连接，两端分别与金属笔挂、金属探头连接。其检测电压在 60～500 V 之间。液晶显示的验电器的检测范围更大一些。

使用低压验电器时，手指接触金属笔挂，金属探头接触被测带电体，如氖管发出辉光，表明被测体带电。

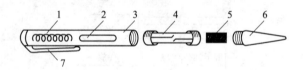

图 2—13　低压笔式验电器

1—弹簧；2—观察孔；3—笔身；4—氖管；5—电阻；6—金属探头；7—金属笔挂

低压验电器除可检测有电无电外，还可以区分相线和中性线。正常情况下，氖管发光的是相线，不发光的是中性线。低压验电器还可以区分交流和直流。氖管两端都发光的是交流，仅一端发光的是直流。低压验电器还可以判断电压的高低。电压 36 V 以下时氖管一般不发光；电压越高，发光越强。

高压验电器有发光、声光、指示件转动等不同显示方式。高压验电器的外形如图 2—14 所示。高压验电器的发光电压不应高于额定电压的 25%。

图2—14　高压验电器

（3）临时接地线

临时接地线装设在被检修区段两端的电源线路上，用来防止突然来电和邻近高压线路感应电的危险，临时接地线也用作放尽线路或设备上残留电荷的器材。

如图2—15所示，临时接地线主要由软导线、绝缘棒和接线夹组成。3根（或4根）短的软导线接向已经停电的导体，1根长的软导线接向接地端。临时接地线的接线夹必须坚固有力，软导线应采用截面积25 mm² 以上的带有透明护套的多股软裸铜线，各部分连接必须牢固。

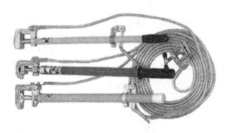

图2—15　临时接地线

（4）遮栏

遮栏主要用来防止工作人员无意碰到或过分接近带电体，也用作检修安全距离不够时的安全隔离装置。遮栏用干燥的木材或其他绝缘材料制成（图2—16）。在过道和入口等处可装用栅栏。遮栏和栅栏必须安装牢固，并不得影响工作。遮栏高度及其与带电体的距离应符合屏护的安全要求。

（5）标示牌

标示牌用绝缘材料制成。其作用是警告工作人员不得过分接近带电部分，指明工作人员准确的工作地点，提醒工作人员应当注意的问题，以及禁止向某段线路送电等。标示牌种类很多，标示牌的式样和悬挂位置见表2—5。

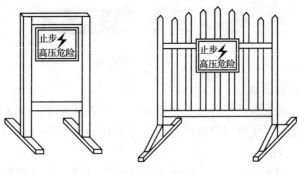

图 2—16 遮栏

表 2—5 标示牌

名称	悬挂位置	式样和要求		
		尺寸/mm	底色	字色
禁止合闸有人工作	一经合闸即可送电到施工设备的开关和刀开关操作手柄上	200×100和80×50	白色	红字
禁止合闸线路有人工作	一经合闸即可送电到施工线路的线路开关和刀开关操作手柄上	200×100和80×50	红色	白字
在此工作	室外或室内工作地点或施工设备上	250×250	绿底，中有直径210 mm的白圆圈	黑字，写于白圆圈中
止步高压危险	工作地点邻近带电设备的遮栏上；室外工作地点邻近带电设备的构架上；禁止通行的过道上；高压试验地点	250×200	白底红边	黑字，有红箭头
从此上下	工作人员上下的铁架、梯子上	250×250	绿底，中有直径210 mm的白圆圈	黑字，写于白圆圈中
禁止攀登高压危险	邻近工作地点可以上下的铁架上	250×200	白底红边	黑字
已接地	看不到接地线的设备上	200×100	绿底	黑字

（6）登高安全用具

登高安全用具包括梯子、高凳、脚扣、登高板、安全带等专用用具。

梯子和高凳应坚固可靠，应能承受工作人员及其所携带工具的总重量。梯子分人字梯和靠梯。在光滑地面上使用的梯子，梯脚应加绝缘套或橡胶垫；在泥土地面或冰面上使用的梯子，梯脚应加铁尖。为了避免梯子翻倒，梯子靠墙时梯脚与墙之间的距离不应小于梯长的1/4；为了避免滑落，其间距离不得大于梯长的1/2。为了限制人字梯的开脚度，其两侧之间应加拉链或拉绳。

脚扣是登杆用具。其主要部分用钢材制成。水泥杆用脚扣的半圆环和根部装有橡胶套或橡胶垫，起防滑作用。木杆用脚扣的半圆环和根部均有突出的小齿，以扎入木杆起防滑作用。

登高板也是登高安全用具，主要由坚硬的木板和结实、柔软的绳子组成。

安全带是防止坠落的安全用具。安全带用皮革、帆布或化纤材料制成。安全带有两根带子，长的绕在电杆或其他牢固的构件上起防止坠落的作用，短的系在腰部偏下部位起人体固定作用。安全带的宽度不应小于60 mm。绕电杆带的单根拉力不应小于2 206 N。

2. 电工安全用具的使用

（1）安全用具检查

每次使用安全用具前必须认真检查。检查项目有：

1）安全用具应在试验有效期内。

2）安全用具的电压等级应与设备条件相符。

3）安全用具应无损坏、无变形、无毛刺、无过分磨损，绝缘件表面应无裂纹、无划痕、无脏污、无受潮。

4）各连接部位连接应可靠。

5）绝缘手套、绝缘靴在使用前横向拉开，用力甩动卷起给手套、靴充气，随即捏紧，做人工充气试验，检查有无漏气。

6）验电器每次使用前都应先在有电部位试验其是否完好。

7）临时接地线应无背花、无死扣，绝缘棒应完好，接地线与绝缘棒的连接、接地线卡子与软铜线的连接应牢固。

（2）绝缘安全用具的使用

使用安全用具应注意的事项有：

1）使用前应将安全用具擦拭干净。

2）使用绝缘手套时，最好先戴上一双线手套；戴绝缘手套时，应将工作服袖口系好，并穿进绝缘手套里。

3）穿绝缘靴时，应将工作服裤脚口折好，并穿进绝缘靴里；行走时，注意防止尖锐物扎伤绝缘靴。

4）使用绝缘杆、绝缘夹钳、高压验电器、临时接地线操作时，必须戴绝缘手套；注意手不得超过绝缘部分的防护环。

5）安全用具不能任意作其他用途，也不能用其他工具代替安全用具。

（3）安全用具保管

安全用具使用完毕应擦拭干净。

安全用具使用完毕后，应存放在干燥、通风的处所。安全用具应妥善保管，应注意防止受潮、脏污或破坏。绝缘杆应悬挂存放或架在专用木架上，而不应斜靠在墙上或平放在地上；绝缘手套、绝缘靴、绝缘鞋应放在箱、柜内，而不应放在过冷、过热、阳光曝晒或有酸、碱、油的地方，以防胶质老化，并不应与坚硬、带刺或脏污物件放在一起或压以重物。验电器应放在盒内，并置于干燥之处。

3. 电工安全用具试验

安全用具应定期进行试验，定期试验合格后应加装标志。

防止触电的安全用具的试验包括耐压试验和泄漏电流试验。除几种辅助安全用具要求作两种试验外，一般只要求作耐压试验。使用中安全用具的试验内容、标准、周期见表2—6。对新安全用具的要求应当严格一些。

表2—6　　　　　　　　　　安全用具试验标准

名称	电压/kV	试验标准			试验周期/年
		耐压试验电压/kV	耐压试验持续时间/s	泄漏电流/mA	
绝缘杆、绝缘夹钳	35 及以下	3 倍额定电压，且≥40	300	—	1

续表

名称	电压/kV	试验标准			试验周期/年
		耐压试验电压/kV	耐压试验持续时间/s	泄漏电流/mA	
绝缘挡板、绝缘罩	35	—	200	—	1
绝缘手套	高压	8	60	≤9	0.5
	低压	2.5	60	≤2.5	0.5
绝缘靴	高压	15	60	≤7.5	0.5
绝缘鞋	1 及以下	3.5	60	≤2	0.5
绝缘垫	1 以上	15	以 2~3 cm/s 的速度拉过	≤15	2
	1 及以下	5		≤5	2
绝缘站台	各种电压	45	120	—	3
绝缘柄工具	低压	3	60	—	0.5
高压验电器	10 及以下	40	300	—	0.5
	35 及以下	105	300	—	0.5
钳表	绝缘部分 10 及以下	40	60	—	1
	铁芯部分 10 及以下	20	60	—	1

登高作业安全用具的试验主要是拉力试验。其试验标准见表2—7。试验周期均为半年。

表2—7　　　　　登高作业安全用具试验标准

名称	安全带		安全绳	登高板	脚扣	梯子
	大带	小带				
试验静拉力/N	2 206	1 471	2 206	2 206	1 471	1 765（荷重）

三、安全标志和色标

1. 安全标志

安全标志是指使用牌、颜色、照明、音响等表明存在的信息或指示安全要素。安全标志分为禁止、警告、指令、提示四大类。

常用安全标志有：

（1）禁止人们不安全行为的禁止标志。

（2）提醒人们对周围环境引起注意，以避免可能发生危险的警告标志。

（3）强制人们必须做出某种动作或采取防范措施的指令标志。

（4）向人们提供某种信息（如标明安全设施或场所）的提示标志。

（5）向人们提供特定提示信息（如标明安全分类或防护措施）的标记，由几何图形边框和文字构成的说明标志。

（6）所提供的信息涉及较大区域，由图形构成的环境信息标志。

（7）所提供信息只涉及某地点，甚至某个设备或部件的局部信息标志。

几种常用标志如图 2—17 所示。

图 2—17　安全标志

a）禁止放置易燃物　b）禁止启动　c）禁止堆放　d）禁止合闸　e）当心触电

f）当心电线　g）必须接地　h）必须系安全带　i）紧急出口　j）应急电话

为了达到标志的效果，安全标志牌不应安装在设备间或建筑入口的门页上，否则，当门页处于打开状态时，标志牌不能被看到；安全标志牌安装高度不应过高或过低。

2. 色标

红色用于传递禁止、停止、危险或提示消防设备、设施的信息；蓝色用于传递必须遵守规定的指令性信息；黄色用于传递注意、警告的信息；绿色用于传递安全的提示性信息；黑色用于安全标志的文字、图形符号和警告标志的几何边框；白色用于安全标志中红、蓝、绿的背景色，也可用于安全标志的文字和图形符号。红色与白色相间条文表示禁止或提示消防设备、设施位置的安全标记；黄色与黑色相间条文表示危险位置的安全标记；蓝色与白色相间条文表示指令的安全标志，传递必须遵守规定的信息；绿色与白色相间条文表示安全环境的安全标记。

对于电气装置，第 1 相、第 2 相、第 3 相相线分别用黄、绿、红颜色的电线或涂以相应的颜色；中性线（N 线）用淡蓝色电线；保护线（PE 线）用淡黄绿双色电线。

第4节　电工检修安全措施

一、电工检修安全技术措施

检修安全技术措施指停电、验电、装设临时接地线、悬挂标示牌和装设临时遮栏等安全技术措施。

1. 停电

应注意所有能给检修部位送电的线路均应停电，并采取防止误合闸的措施。对于多回路的控制线路，应注意防止其他方面突然来电的危险。对于运行中的工作零线，应视为带电体，并与相线采取同样的安全措施。

停电操作顺序必须正确。对于低压断路器或接触器与刀开关串联安装的开关组，停电时应先停低压断路器或接触器，后拉开隔离电器；送电时操作顺序相反。如果断路器的电源侧和负荷侧都装有隔离开关，停电操作时拉开断路器之后，应先拉开负荷侧隔离电器，后拉开电源侧隔离电器；送电时应依次合上电源侧隔离电器、负荷侧隔离电器、断路器。

对于有较大电容的电气设备或电气线路，停电后还须进行放电，以消除被检修设备上残存的电荷。放电时人体不得与带电体接触。电容器和电缆可能残存的电荷较多，最好有专门的放电装置。

2. 验电

验电的基本作用是确认设备有无电压。对已停电的线路或设备，不论其经常接入的电压表或其他信号是否指示无电，均应进行验电。只有用合格的验电器验明无电才能作为无电的依据。接在线路中的电压表无指示，或信号指示断开状态，或用电设备合闸后不运转只能作为无电的参考，而不能作为无电的依据。

验电前必须先完成停电操作；应选用合格的验电器，检查验电器并先在有电部位验试其是否良好；应在检修设备所有连接外电源的部位分别验电；联络用的断路器或隔离电器处在分断状态时，应在其两侧验电。

验电时，应由近到远，逐点验试；验电时应注意保持各部分安全距离，防止短路。

3. 装设临时接地线

为了防止给检修部位意外送电和可能的感应电，应在被检修部分的端部（开关的停电侧或停电的导线上）装设临时接地线。临时接地线使线路构成三相对地短路的状态。其安全作用是：

（1）防止检修线路或检修设备突然来电的危险。

（2）防止检修线路或检修设备上感应电的危险。

（3）将临时接地线用作放电工具，放尽残留电荷。

4. 标示牌和临时遮栏的使用

标示牌的作用是提醒人们注意安全，防止出现不安全行为。例如，在一经合闸即送电到被检修设备的开关操作手柄上应悬挂"禁止合闸，有人工作！"的禁止类标示牌等。工作人员在工作过程中不得取下标示牌。

遮栏的作用是防止工作人员无意识地过分接近带电体。在部分停电检修和不停电检修时，应将带电部分遮拦起来，以保证检修人员的安全。临时遮栏上应悬挂"止步，高压危险！"的标示牌；工作人员在工作中不得移动、拆除或越过遮栏。

除安全技术措施外，检修中还应根据需要建立和执行相关管理措施。安全管理措施主要指各种检修制度。其中，比较常见的是工作票制度、工作许可制度和工作监护制度。

二、低压带电作业

低压带电作业应注意以下问题：

（1）应配有验电笔；应使用有绝缘柄的工具，并应站在干燥的绝缘物上操作；应穿长袖衣，并戴手套和安全帽；工作时不得使用有金属件的毛刷、毛掸等工具。

（2）现场有良好的照明条件。

（3）登高作业应使用登高安全用具。高、低压线同杆架设，在低压线路上工作时，应有人监护；应先检查与高压线的距离，并采取防止误触高压带电部分的措施；在低压带电导线未采取绝缘措施时，检修人员不得穿越。

（4）上杆前应分清相线、工作零线等，应选好工作位置。

（5）在带电的低压配电装置上工作时，应采取防止相间短路和单相接地的隔离措施。

（6）断开导线时，应先断开相线后断开工作零线；搭接导线时，顺序应相反；一般不得带负荷断开或接通导线。

（7）人体不得同时接触两条导线或两个线头。

（8）雷电、雨、雪、大雾、五级以上大风天气一般不进行户外带电作业。

第3章 爆炸危险物质和爆炸危险场所

第1节 爆炸危险物质

一、爆炸危险物质分类

有火灾和爆炸危险的物质有爆炸性物质、可燃气体、可燃液体、自燃物质、遇水燃烧物质、氧化剂等。能与空气形成爆炸性混合物的物质都是爆炸危险物质。

所谓爆炸性混合物，是指在大气条件下，可燃性气体、蒸气、薄雾、粉尘或纤维状物质与空气混合，一经点燃，能在整个范围内迅速传播的混合物。

爆炸危险物质分为三类：Ⅰ类为矿井甲烷；Ⅱ类为爆炸性气体、蒸气、薄雾；Ⅲ类为爆炸性粉尘、纤维。

二、危险物质的性能参数

爆炸危险程度，爆炸威力乃至防爆措施与爆炸危险物质的性能参数密切相关。闪点、燃点、引燃温度、爆炸极限、最小点燃电流比、最大试验安全间隙、蒸气密度是危险物质的主要性能参数。

1. 闪点

闪点是在规定的试验条件下，易燃液体能释放出足够的蒸气并在液面上方与空气形成爆炸性混合物，点火时能发生瞬间闪燃的最低温度。闪点越低者危险性越大。

2. 燃点

燃点是物质在空气中点火时发生燃烧，移开火源仍能继续燃烧的最低温度。对于闪点不超过 45℃ 的易燃液体，燃点仅比闪点高 1 ~ 5℃，一般只考虑闪点，不必考虑燃点。

3. 引燃温度

引燃温度又称自燃点或自燃温度，是在规定试验条件下，可燃物质不需外来火源即发生燃烧的最低温度。爆炸性气体、蒸气、薄雾按引燃温度分为 6 组。其相应的引燃温度范围见表 3—1。爆炸性粉尘、纤维按引燃温度分为 3 组。其相应的引燃温度范围见表 3—2。

表 3—1　　　　　气体、蒸气、薄雾按引燃温度分组

组别	T1	T2	T3	T4	T5	T6
引燃温度/℃	>450	450≥T>300	300≥T>200	200≥T>135	135≥T>100	100≥T>85

表 3—2　　　　　　粉尘、纤维按引燃温度分组

组别	T11	T12	T13
引燃温度/℃	T>270	270≥T>200	200≥T>140

4. 爆炸极限

爆炸极限分为爆炸浓度极限和爆炸温度极限。后者很少用到，通常指的都是爆炸浓度极限。该极限是指在一定的温度和压力下，气体、蒸气、薄雾或粉尘、纤维与空气形成的能够被引燃并传播火焰的浓度范围。该范围的最低浓度称为爆炸下限、最高浓度称为爆炸上限。例如，甲烷的爆炸极限为 5% ~ 15%，汽油的为 1.4% ~ 7.6%，乙炔的为 1.5% ~ 82%。爆炸极限受环境温度、气压、氧含量、惰性气体含量、容器几何形状、引燃源特征等因素的影响。

5. 最小点燃电流比

最小点燃电流比的代号为 MICR，是在规定试验条件下，气体、蒸气、薄雾等爆炸性混合物的最小点燃电流与甲烷爆炸性混合物的最小点燃电流之比。气体、蒸气、薄雾按最小点燃电流比分级情况见表 3—3。

表 3—3　　　　气体、蒸气、薄雾按最小点燃电流比分级

级别	I	ⅡA	ⅡB	ⅡC
最小点燃电流比	1.0	≤1.0，>0.8	≤0.8，>0.45	≤0.45

除最小点燃电流外，还经常用到最小引燃能量。最小引燃能量是在规定的试验条件下，使爆炸性混合物燃爆所需最小电火花的能量。例如，甲烷的最小引燃能量为 0.33 mJ，乙炔的为 0.02 mJ。最小引燃能量受混合物性质、引燃源特征、气压、浓度、温度等因素的影响。

6. 最大试验安全间隙

最大试验安全间隙的代号为 MESG，是衡量爆炸性物质传爆能力的性能参数，是在规定试验条件下，两个经长 25 mm 的间隙连通的容器，一个容器内燃爆不引起另一个容器内燃爆的最大连通间隙（宽度）。气体、蒸气、薄雾等爆炸性混合物按最大试验安全间隙分级见表 3—4。

表 3—4　气体、蒸气、薄雾等爆炸性混合物按最大试验安全间隙分级

级别	I	ⅡA	ⅡB	ⅡC
最大试验安全间隙/mm	1.14	≤1.14，>0.9	≤0.9，>0.5	≤0.5

气体、蒸气危险物质分组分级举例见表 3—5。

表 3—5　　　　爆炸性气体的分类、分级、分组

级别和种类	最大试验安全间隙 MESG	最小点燃电流比 MICR	组别及引燃温度/℃					
			T1 $T>450$	T2 $300 < T \leqslant 450$	T3 $200 < T \leqslant 300$	T4 $135 < T \leqslant 200$	T5 $100 < T \leqslant 135$	T6 $85 < T \leqslant 100$
I	1.14	1.0	甲烷					
ⅡA	0.9 ~ 1.14	0.8 ~ 1.0	乙烷、丙烷、丙酮、氯苯、苯乙烯、氯乙烯、甲苯、苯胺、甲醇、一氧化碳、乙酸乙酯、乙酸、丙烯腈	丁烷、乙醇、丙烯、丁醇、乙酸丁酯、乙酸戊酯、乙酸酐	戊烷、己烷、庚烷、癸烷、辛烷、汽油、硫化氢、环己烷	乙醚、乙醛		亚硝酸乙酯

级别和种类	最大试验安全间隙 MESG	最小点燃燃电流比 MICR	组别及引燃温度/℃					
			T1	T2	T3	T4	T5	T6
			$T>450$	$300 < T \leqslant 450$	$200 < T \leqslant 300$	$135 < T \leqslant 200$	$100 < T \leqslant 135$	$85 < T \leqslant 100$
ⅡB	0.5 ~ 0.9	0.45 ~ 0.8	二甲醚、民用煤气、环丙烷	环氧乙烷、环氧丙烷、丁二烯、乙烯		异戊二烯		
ⅡC	≤0.5	≤0.45	水煤气、氢、焦炉煤气	乙炔			二硫化碳	硝酸乙酯

粉尘、纤维按其导电性和爆炸性分为ⅢA级和ⅢB级。其分组分级举例见表3—6。

表3—6　　　爆炸性粉尘可燃纤维的分级、分组

级别和种类		组别及引燃温度/℃		
		T11	T12	T13
		$T>270$	$200 < T \leqslant 270$	$140 < T \leqslant 200$
ⅢA	非导电性可燃纤维	木棉纤维、烟草纤维、纸纤维、亚硫酸盐纤维、人造毛短纤维、亚麻	木质纤维	
	非导电性爆炸性粉尘	小麦、玉米、砂糖、橡胶、染料、苯酚树脂、聚乙烯	可可、米糠	
ⅢB	导电性爆炸性粉尘	镁、铝、铝青铜、锌、钛、焦炭、炭黑	铝（含油）、铁、煤	
	火炸药粉尘		黑火药、TNT	硝化棉、吸收药、黑索金、特屈儿、泰安

第 2 节 爆炸危险场所

凡有爆炸性混合物出现或可能有爆炸性混合物出现，且出现的量足以要求对电气设备和电气线路的结构、安装、运行采取防爆措施的场所称为爆炸危险场所。为了正确选用电设备和电气线路，必须正确划分所在环境危险区域的大小和级别。

一、区域危险等级的划分

1. 气体、蒸气爆炸危险环境

根据爆炸性气体、蒸气混合物出现的频繁程度和持续时间将此类危险场所分为 0 区、1 区和 2 区。

（1）0 区

指正常运行时持续出现或长时间出现或短时间频繁出现爆炸性气体、蒸气或薄雾，能形成爆炸性混合物的区域。除了装有危险物质的封闭空间，如密闭的容器、储油罐等内部气体空间外，很少存在 0 区。

（2）1 区

指正常运行时可能出现（预计周期性出现或偶然出现）爆炸性气体、蒸气或薄雾，能形成爆炸性混合物的区域。

（3）2 区

指正常运行时不出现，即使出现也只可能是短时间偶然出现爆炸性气体、蒸气或薄雾，能形成爆炸性混合物的区域。

危险区域的级别和范围受释放源特征、通风条件、危险物质性质等因素的影响。

凡符合下列条件之一者可划为非爆炸危险区域：

（1）没有释放源，且不可能有易燃物质侵入的区域。

（2）易燃物质可能出现的最大体积浓度不超过爆炸下限 10% 的区域。

（3）易燃物质可能出现的最大体积浓度超过 10%，但其年出现小时不超过如图 3—1 所示限定范围的区域。

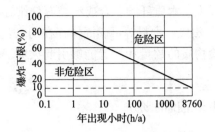

图 3—1 非爆炸危险区域的划分

（4）在生产过程中使用明火的设备附近或使用表面温度超过该区域易燃物质引燃温度的炽热部件的设备附近。

（5）在生产装置外露天或敞开安装的输送爆炸危险物质的架空管道地带（但阀门处须按具体情况另行考虑）。

2. 粉尘、纤维爆炸危险环境

根据爆炸性粉尘、纤维混合物出现的频繁程度和持续时间将此类危险场所分为 20 区、21 区和 22 区。

（1）20 区

指正常运行时连续或长时间或短时间频繁出现爆炸性粉尘、纤维，能形成爆炸性混合物的区域。

（2）21 区

指正常运行时可能出现爆炸性粉尘、纤维，能形成爆炸性混合物的区域。

（3）22 区

指正常运行时不太可能出现爆炸性粉尘、纤维，但在特定情况下能形成爆炸性混合物的区域。

粉尘、纤维爆炸危险区域的级别和范围受粉尘量、粉尘爆炸极限和通风条件等因素的影响。

3. 火灾危险环境

火灾危险环境分为危险环境 21 区、22 区和 23 区。21 区是有柴油、润滑油、变压器油等可燃液体存在的火灾危险环境。22 区是有铝粉、焦炭粉、煤粉、面粉、合成树脂粉等可燃粉体或棉花纤维、麻纤维、丝纤维、毛纤维、木质纤维、合成纤维等纤维存在的火灾危险环境。23区是有煤、焦炭、木料等可燃固体存在的火灾危险环境。在火灾危险环境，危险物质的数量和配置能够引起火灾，但一般不会直接发生爆炸。

二、区域危险等级和范围的划分

1. 气体、蒸气爆炸危险环境

（1）释放源和通风条件对区域危险等级的影响

释放源是划分爆炸危险区域的基础。释放源分为连续释放、长时间释放或短时间频繁释放的连续级释放源；正常运行时周期性释放或偶然释放的一级释放源；正常运行时不释放或不经常且只能短时间释放的二级释放源。很多现场还存在上述两种以上特征的多级释放源。

通风情况是划分爆炸危险区域的重要因素。通风分为自然通风、一般机械通风和局部机械通风等类型。良好的通风的标志是混合物中危险物质的浓度被稀释到爆炸下限的25%以下。

划分危险区域时，应综合考虑释放源和通风条件，并应遵循下列原则：

1）存在连续级释放源的区域可划为0区，存在第一级释放源的区域可划为1区，存在第二级释放源的区域可划为2区。

2）如通风良好，应降低爆炸危险区域等级；如通风不良，应提高爆炸危险区域等级。

3）局部机械通风在降低爆炸性气体混合物浓度方面比自然通风和一般机械通风更为有效时，可采用局部机械通风降低爆炸危险区域等级。

4）在障碍物、凹坑和死角处，应局部提高爆炸危险区域等级。

5）利用堤或墙等障碍物，限制比空气重的爆炸性气体混合物的扩散，可缩小爆炸危险区域的范围。

（2）危险区域的范围

爆炸危险区域的范围应根据释放源的级别和位置、易燃物质的性质、通风条件、障碍物及生产条件、运行经验，经技术经济条件比较综合确定。一般情况下，危险物质释放量越大、浓度越高、爆炸下限越低、闪点越低、温度越高、通风越差时，爆炸危险区域越大。

在建筑物内部，宜以厂房为单位划定爆炸危险区域的范围；如果厂房内空间大，释放源释放的易燃物质量少，可按厂房内部分空间划定爆炸危险的区域范围。在后一情况下，必须充分考虑危险气体、蒸气的密度和通风条件。

（3） 爆炸危险区域划分举例

典型爆炸危险区域的划分如图3—2 至图3—8 所示。

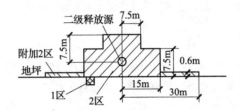

图3—2 释放源接近地坪，易燃物质重于空气，通风良好的生产装置区

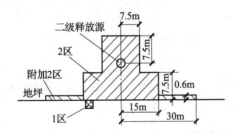

图3—3 释放源在地坪以上，易燃物质重于空气，通风良好的生产装置区

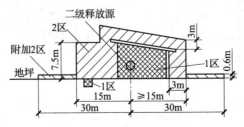

图3—4 易燃物质重于空气，释放源在封闭建筑物内，通风不良的生产装置区

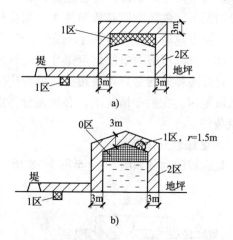

图 3—5 易燃物质重于空气，设在户外地坪上的储罐

a）固定式储罐 b）浮顶式储罐

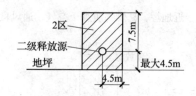

图 3—6 易燃物质轻于空气，通风良好的生产装置区

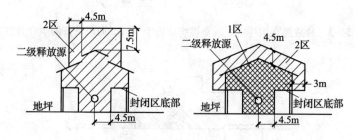

图 3—7 易燃物质轻于空气的压缩机厂房

a）通风良好 b）通风不良

注：释放源距地坪的高度超过 4.5 m 时，应根据实践经验确定。

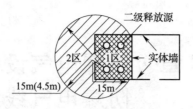

图 3—8　毗邻通风不良的房间

注：15 m、4.5 m 分别用于易燃物质重于空气、轻于空气的场合。

2. 粉尘、纤维爆炸危险环境

20 区包括粉尘容器、旋风除尘器、搅拌器等设备内部的区域。21 区包括频繁打开的粉尘容器出口附近、传送带附近等设备外部邻近区域。22 区包括粉尘袋、取样点等周围的区域。

爆炸性粉尘环境的范围，应根据爆炸性粉尘的量、释放率、浓度和物理特性，以及同类企业相似厂房的实践经验等确定。

无排气通风建筑物内倒袋站危险区域的划分如图 3—9 所示。

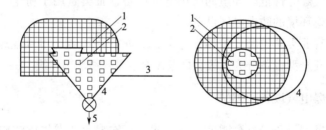

图 3—9　无排气通风建筑物内倒袋站危险区域的划分

1—21 区（半径 1 m）；2—20 区；3—地板；4—排料斗；5—加工

第4章 防爆电气设备和防爆电气线路

第1节 防爆电气设备的类型和标志

防爆电气设备有隔爆型、增安型、本质安全型、正压型、充油型、充砂型、无火花型、浇封型、气密型等多种类型。

按照使用环境，防爆电气设备分为Ⅰ类、Ⅱ类和Ⅲ类。Ⅰ类设备是用于煤矿瓦斯环境的防爆电气设备，Ⅱ类是用于除煤矿以外其他气体、蒸气爆炸性危险环境的防爆电气设备，Ⅲ类是用于粉尘、纤维爆炸性危险环境的防爆电气设备。

所有Ⅱ类防爆型设备都分为6组，即T1～T6组。Ⅱ类隔爆型设备和本质安全型设备分为3级，即ⅡA级、ⅡB级和ⅡC级。

一、防爆电气设备的类型

隔爆型设备是具有能承受内部的爆炸性混合物发生爆炸而不致受到破坏，而且通过外壳任何结合面或结构间隙，不致使内部爆炸引起外部爆炸性混合物爆炸的电气设备。

增安型设备是在正常时不产生火花、电弧或高温的设备上采取加强措施以提高安全程度的电气设备。

本质安全型设备是正常状态下和故障状态下产生的火花或热效应均不能点燃爆炸性混合物的电气设备。本质安全型设备按其安全程度分为ia级和ib级。前者是在正常工作、发生一个故障及发生两个故障时不能点燃爆炸性混合物的电气设备；后者是正常工作及发生一个故障时不能点燃爆炸性混合物的电气设备。

正压型设备是向外壳内充入带正压的清洁空气、惰性气体或连续通入清洁空气以阻止爆炸性混合物进入外壳内的电气设备。正压型设备按其充气结构分为通风、充气、气密等三种形式。其外壳防护等级不得低于 IP44。

充油型设备是将可能产生电火花、电弧或危险温度的带电零、部件浸在绝缘油里，使之不能点燃油面上方爆炸性混合物的电气设备。直流开关设备不得制成充油型设备。

充砂型设备是将细粒状物料充入设备外壳内，令壳内出现的电弧、火焰传播、壳壁温度或粒料表面温度不能点燃周围爆炸性混合物的电气设备。

无火花型设备是在防止产生危险温度、防冲击、防机械火花、防电缆事故、外壳防护等方面采取措施，以防止火花、电弧或危险温度的产生来提高安全程度的电气设备。无火花型设备在正常条件下不会点燃周围爆炸性混合物，而且一般不会发生有点燃危险的故障。

浇封型设备是将可能产生能点燃混合物的电弧、火花及高温部件浇封在环氧树脂等浇封剂里面，使其不能点燃周围爆炸性混合物的设备。

气密型设备是用熔化、挤压或胶粘的方法制成气密外壳，能防止外部气体进入壳内的设备。

有的防爆电气设备，其本体是一种防爆类型，但允许安装有其他防爆类型的部件。

二、防爆电气设备的标志

气体、蒸气防爆电气设备的类型标志见表4—1。

表4—1　　　　　　防爆电气设备和标志

类型	隔爆型	增安型	本质安全型	正压型	充油型	充砂型	无火花型	浇封型	气密型
标志	d	e	ia 和 ib	p	o	q	n	m	h

完整的防爆标志最前面的"Ex"只表示是某种类型的防爆型设备，不表示具体的防爆特征。接着依次标明防爆类型、级别和组别。例如：

Ex d Ⅱ BT3 为Ⅱ类 B 级 T3 组的隔爆型电气设备；Ex ia Ⅱ AT5 为Ⅱ类 A 级 T5 组的 ia 级本质安全型电气设备；Ex ep Ⅱ BT4 为主体增安型，并有正压型部件的防爆型电气设备；Ex d Ⅱ（NH₃）或 Ex d Ⅱ 氨为用于氨气环境的隔爆型电气设备；Ex d Ⅰ 为矿用Ⅰ类隔爆型电气设备；Ex d Ⅰ／Ⅱ BT4 为可用于Ⅰ类，也可用于Ⅱ类 B 级 T4 组的隔爆型电气设备。

粉尘防爆电气设备用 DIP（防粉尘点燃）标志。例如，DIP A20、DIP A21 是分别用于 20 区、21 区的 A 型粉尘防爆设备；DIP A22 是用于 22 区的 A 型粉尘防爆设备；DIP B22 是用于 22 区的 B 型粉尘防爆设备等。

第 2 节　爆炸危险环境和火灾危险环境电气设备选用

一、防爆电气设备选用的基本要求

（1）选择电气设备前，应掌握所在爆炸危险环境的有关资料。包括环境等级和区域范围划分以及所在环境内爆炸性混合物的级别、组别等有关资料。

（2）爆炸危险场所的电气安装除应符合非危险场所的安装要求外，还应符合以下条件：

1）尽可能将电气设备安装在非危险区域，如不可能，应安装在危险性较小的位置。

2）按规定的技术文件安装；所更换设备的规格应与原设备一致。

（3）应根据电气设备使用环境的等级、电气设备的种类和使用条件选择电气设备。所选用的防爆电气设备的级别和组别不应低于该环境内爆炸性混合物的级别和组别。当存在两种以上的爆炸性物质时，应按混合后的爆炸性混合物的级别和组别选用；如无据可查又不可能进行试验时，按危险程度较高的级别和组别选用。例如，0 区只能选用 ia 级本质安全型设备；1 区可选用隔爆型、正压型、充砂型、充油型、增安型、本质安全型、浇封型设备；2 区除可选用 1 区选用的防爆型设备外，还可选用无火花型设备。1 区所选用的增安型设备只限于以下 3 种情况：

1）在正常运行中不产生火花、电弧或危险温度的接线盒或接线箱，如主体隔爆型、浇封型设备的连接部分。

2）配置有有效热保护的增安型异步电动机。

3）单插头的增安型荧光灯。

（4）爆炸危险环境内的电气设备必须是符合现行国家标准制造并有国家检验部门防爆合格证的产品。

（5）爆炸危险环境内的电气设备应能防止周围化学、机械、热和生物因素的危害，应与环境温度、空气湿度、海拔高度、日光辐射、风沙、地震等环境条件下的要求相适应。其结构应满足电气设备在规定的运行条件下不会降低防爆性能的要求。

（6）在爆炸危险环境应尽量少用携带式设备和移动式设备，应尽量少安装插座。

（7）选用标有"s"的防爆特殊性设备应注意其安装和使用的特殊条件。

（8）对于研究、开发、小规模试验等仅在限制期间内使用的电气设备，在有专门培训过的人的监督下，允许不选用防爆型设备，但至少必须符合下列条件之一：

1）采取措施确保不形成爆炸危险环境。

2）确保出现爆炸危险环境时断电，并有效防止热元件引燃。

3）采取措施，确保人和环境不会受到燃烧或爆炸的危害。

在这种情况下，还必须由熟悉所采取措施、相关标准、危险场所电气规范，而且掌握评估材料的人员提供书面措施。

（9）为了防止产生危险火花，所应用防护系统应限制故障接地电流的大小和持续时间。在爆炸危险环境应采用 TN–S 系统；如条件允许，采用 TT 系统，则必须装有漏电保护；如采用 IT 系统，应装有等电位联结和绝缘监视。

二、气体、蒸气爆炸危险环境电气设备选用

气体、蒸气爆炸危险环境的低压电气设备的选型见表4—2 至表4—6。表中，"○"表示适用、"△"表示尽量避免采用、"×"表示不适用、空白表示一般不用。

表4—2　　　　　　　旋转电动机防爆结构的造型

设备名称	1 区			2 区			
	隔爆型	正压型	增安型	隔爆型	正压型	增安型	无火花型
笼型感应电动机	○	○	△	○	○	○	○
绕线型感应电动机	△	△		○	○	○	×
同步电动机	○	○	×	○	○	○	
直流电动机	△	△		○	○		
电磁滑差离合器（无电刷）	○	△	×	○	○	○	△

注：①绕线感应电动机及同步电动机采用增安型时，其主体是增安型防爆结构，发生电火花的部分是隔爆型或正压型防爆结构。

②在通风不良及户内具有比空气重的易燃物质区域内慎用无火花型电动机。

表4—3　　　　　　低压开关和控制器类防爆结构的选型

设备名称	0 区	1 区						2 区				
	ia	i	d	p	o	e		i	d	p	o	e
刀开关、断路器			○						○			
熔断器			△						○			
控制开关及按钮	○	○	○		○			○	○		○	
电抗器、起动器和启动补偿器			△					○				○
启动用金属电阻器			△	△		×		○	○			○

续表

设备名称	0 区	1 区						2 区				
	ia	i	d	p	o	e	i	d	p	o	e
电磁阀用电磁铁		○				×	○				○
电磁摩擦制动器		△				×	○				△
操作箱、柜		○	○				○	○			
控制盘		△	△				○	○			
配电盘		△					○				

注：①电抗启动器和启动补偿器采用增安型时，是指将隔爆结构的启动运转开关操作部件与增安型防爆结构的电抗线圈或单绕组变压器组成一体的结构。

②电磁摩擦制动器采用隔爆型时，是指将制动片、滚筒等机械部分也装入隔爆壳体内者。

③在 2 区内电气设备采用隔爆型时，是指除隔爆型外，也包括主要有火花部分为隔爆结构而其外壳为增安型的混合结构。

表 4—4　　　　　　　　　　灯具类防爆结构的选型

设备名称	1 区		2 区	
	隔爆型	增安型	隔爆型	增安型
固定式灯	○	×	○	○
移动式灯	△		○	
携带式电池灯	○		○	
指示灯类	○	×	○	○
镇流器	○	△	○	○

表 4—5　　　　　　　　　　变压器类防爆结构的选型

设备名称	1 区			2 区			
	隔爆型	正压型	增安型	隔爆型	正压型	增安型	充油型
变压器 （包括启动用）	△	△	×	○	○	○	○
电抗线圈 （包括启动用）	△	△	×	○	○	○	○
仪用互感器	△		×	○		○	○

表 4—6　　　信号、报警装置等电气设备防爆结构的选型

设备名称	0 区	1 区				2 区			
	ia	i	d	p	e	i	d	p	e
信号、报警装置	○	○	○	○	×	○	○	○	○
插接装置			○				○		
接线箱（盒）			○		△		○		○
电气测量表计			○	○	×		○	○	○

1. 当选用正压型电气设备及通风系统时，应符合下列要求：

（1）通风系统必须用非燃性材料制成，其结构应坚固，连接应严密，并不得有产生气体滞留的死角。

（2）电气设备应与通风系统联锁。运行前必须先通风，并应在通风量大于电气设备及其通风系统容积的 5 倍时，才能接通电气设备的主电源。

（3）在运行中，进入电气设备及其通风系统内的气体，不应含有易燃物质或其他有害物质。

（4）在电气设备及其通风系统运行中，其风压不应低于 50 Pa。当风压低于 50 Pa 时，应自动断开电气设备的主电源或发出信号。

（5）通风过程排出的气体，不宜排入爆炸危险环境；当采取有效地防止火花和炽热颗粒从电气设备及其通风系统吹出的措施时，可排入 2 区空间。

（6）对于闭路通风的正压型电气设备及其通风系统，应供给清洁气体。

（7）电气设备外壳及通风系统的小门或盖子应采取联锁装置或加警告标志等安全措施。

（8）电气设备必须有一个或几个与通风系统相连的进、排气口。排气口在换气后须妥善密封。

充油型电气设备，应在没有振动、不会倾斜和固定安装的条件下采用。

2. 在采用非防爆型电气设备作隔墙机械传动时，应符合下列要求：

（1）安装电气设备的房间，应用非燃烧体的实体墙与爆炸危险区域隔开。

（2）传动轴传动通过隔墙处应采用填料函密封或有同等效果的密封措施。

（3）安装电气设备房间的出口，应通向非爆炸危险区域和无火灾危险的环境。当安装电气设备的房间必须与爆炸性气体环境相通时，应对爆炸性气体环境保持相对的正压。

变电站和控制室应布置在爆炸危险区域范围以外；当为正压室时，可布置在1区、2区内。对于易燃物质比空气重的爆炸性气体环境，位于1区、2区附近的变电站和控制室的室内地面，应高出室外地面0.6 m。

三、粉尘、纤维爆炸危险环境电气设备选用

粉尘、纤维爆炸危险环境的电气设备的选型参见表4—7。

表4—7　　　粉尘、纤维危险场所电气设备防爆结构选型

粉尘级别	粉尘类型	20区或21区	22区
ⅢA	导电性	DIP A20或DIP A21	DIP A21（IP6X）
	非导电性	DIP A20或DIP A21	DIP A22或DIP A21
ⅢB	导电性	DIP B20或DIP B21	DIP B21
	非导电性	DIP B20或DIP B21	DIP B22或DIP B21

在粉尘、纤维爆炸危险环境，应尽量将电气设备，特别是正常运行时产生火花的电气设备，布置在危险区域以外。实在需要布置在爆炸危险区域内时，应布置在危险性较小的位置。在粉尘、纤维爆炸危险区域内，不宜采用携带式电气设备。

在粉尘、纤维爆炸危险环境内的电气设备，应符合周围环境内化学的、机械的、热的、霉菌以及风沙等环境条件对电气设备的要求。

除可燃性非导电粉尘和可燃纤维的22区环境采用防尘结构的粉尘防爆电气设备外，爆炸性粉尘环境21区及其他爆炸性粉尘环境22区均采用尘密结构的粉尘防爆电气设备，并按照粉尘的引燃温度选择不同引燃温度组别的电气设备。

在粉尘、纤维爆炸危险环境内，电气设备最高允许表面温度应符合表4—8的要求。

表4—8　　　　　电气设备最高允许表面温度/℃

引燃温度组别	T11	T12	T13
无过负荷的设备	215	160	120
有过负荷的设备	195	145	110

在粉尘、纤维爆炸危险环境采用非防爆型电气设备进行隔墙机械传动时，应符合下列要求：

（1）安装电气设备的房间，应采用非燃烧体的实体墙与爆炸性粉尘环境隔开。

（2）应采用通过隔墙由填料函密封或同等效果密封措施的传动轴传动。

（3）安装电气设备房间的出口，应通向非爆炸和无火灾危险的环境；当安装电气设备的房间必须与爆炸性粉尘环境相通时，应对爆炸性粉尘环境保持相对的正压。

爆炸性粉尘环境内，对于有可能过负荷的电气设备，应装设可靠的过负荷保护。

爆炸性粉尘环境内的事故排风用电动机，应在事故情况下便于操作的地方设置事故启动按钮等控制设备。

在爆炸性粉尘环境内，应少装插座和局部照明灯具。如必须采用时，插座宜布置在爆炸性粉尘不易积聚的地点，局部照明灯宜布置在事故时气流不易冲击的位置。

四、火灾危险环境电气设备选用

火灾危险环境的电气设备，应符合周围环境内化学的、机械的、热的、霉菌及风沙等环境条件对电气设备的要求。在火灾危险环境内，正常运行时有火花的和外壳表面温度较高的电气设备，应远离可燃物质。在火灾危险环境内，不宜使用电热器。当生产要求必须使用电热器时，应将其安装在非燃材料的底板上。

火灾危险环境的电气设备的选型见表4—9。

表 4—9 火灾危险环境电气设备防护结构选型

电气设备类别		21 区	22 区	23 区
电动机	固定安装	IP44	IP54	IP21
	移动式和携带式	IP54		IP54
电器和仪表	固定安装	充油型、IP54．IP44	IP54	IP22
	移动式和携带式	IP54		IP44
照明灯具	固定安装	IP2X	IP5X	IP2X
	移动式和携带式	IP5X		
配电装置和接线盒		IP5X		

第3节　爆炸危险环境电气线路选用

爆炸危险环境的电气线路应与电气设备具有同样的防爆性能。也应该尽量把电气线路安装在危险区域之外；即使不得不安装在危险环境内，也应当安装在危险性较小的位置。在爆炸危险环境应尽量少用临时线。

一、气体、蒸气爆炸危险环境电气线路选用

1. 一般要求

气体、蒸气爆炸危险环境电气线路的选用应注意以下要求：

（1）选择电气线路前，应掌握所在爆炸危险环境的有关资料。

（2）线路应避开可能受到机械损伤、振动、腐蚀以及可能受热的地方，不能避开时，应采取防护措施。选用电缆还应考虑能防止鼠类和白蚁破坏。

（3）线路敷设方式符合危险场所特征的要求。

（4）线路应与环境温度、空气湿度、海拔高度、日光辐射、风沙、地震等环境条件下的要求相适应。

（5）低压电力、照明线路用的绝缘导线和电缆的额定电压不得低于工作电压，且不得低于 500 V。中性线的绝缘水平应与相线相同，

并应敷设在同一护套或管子内。

（6）1区应采用铜芯电缆；2区宜采用铜芯电缆。当采用铝芯电缆时，与电气设备的连接应有可靠的铜—铝过渡接头。

（7）在1区、2区，绝缘导线和电缆导体的允许载流量，不应小于熔断器熔体额定电流或长延时过电流保护整定电流的1.25倍；电压1 000 V以下笼型感应电动机电源线的长期允许载流量不应小于电动机额定电流的1.25倍。

（8）架空桥架敷设时宜采用阻燃电缆。

（9）1区单相回路的相线和中性线均应装设短路保护，并使用双极开关同时切断相线及中性线。对3～10 kV电缆线路，宜装设零序电流保护；1区保护装置宜动作于跳闸，2区宜作用于信号。

2. 电缆配线

除本质安全系统的电路外，在爆炸性气体（含蒸气）环境1区、2区内电缆配线应符合表4—10的要求。

表4—10　　　　　　爆炸性气体环境电缆配线技术要求

类别	电缆明设或在沟内敷设时的最小截面			接线盒	移动电缆
	电力线路	照明线路	控制线路		
1区	铜芯2.5 mm² 及以上	铜芯2.5 mm² 及以上	铜芯2.5 mm² 及以上	隔爆型	重型
2区	铜芯1.5 mm² 及以上或铝芯 4 mm² 及以上	铜芯1.5 mm² 及以上或铝芯 2.5 mm² 及以上	铜芯1.5 mm² 及以上	隔爆型、增安型	中型

当其敷设方式采用能防止机械损伤的电缆槽板、托盘或桥架方式时，明设塑料护套电缆可采用非铠装电缆。在易燃物质比空气轻且不存在鼠、虫等损害时，在2区电缆沟内敷设的电缆可采用非铠装电缆。

铝芯绝缘导线或电缆的连接与封端应采用压接、熔焊或钎焊，当与电气设备（照明灯具除外）连接时，应采用过渡接头。在1区内电缆线路严禁有中间接头，在2区内不应有中间接头。

3. 钢管配线

除本质安全系统的电路外，在爆炸性气体环境 1 区、2 区内电压 1 000 V 以下的钢管配线的技术应符合表 4—11 的要求。

表 4—11 　　　　爆炸性气体环境钢管配线技术要求

类别	钢管明配线路用绝缘导线的最小截面			接线盒、分支盒、挠性连接管	管子连接要求
	电力	照明	控制		
1 区	铜芯 2.5 mm² 及以上	铜芯 2.5 mm² 及以上	铜芯 2.5 mm² 及以上	隔爆型	$D25$ mm 以下的钢管，螺纹啮合不少于 5 扣，并有锁紧螺母；$D32$ mm 及以上者不少于 6 扣并有锁紧螺母
2 区	铜芯 1.5 mm² 及以上或铝芯 4 mm² 及以上	铜芯 1.5 mm² 及以上或铝芯 2.5 mm² 及以上	铜芯 1.5 mm² 及以上	隔爆型、增安型	$D25$ mm 以下的螺纹啮合不少于 5 扣，对 $D32$ mm 及以上者不少于 6 扣

钢管应采用镀锌焊接钢管；为了防腐蚀，钢管连接的螺纹部分应涂以铅油或磷化膏；在可能凝结冷凝水的地方，管线上应装设排除冷凝水的密封接头；与电气设备的连接处宜采用挠性连接管。

在爆炸性气体环境 1 区、2 区内钢管配线，下列部位必须做好隔离密封：

（1）如电气设备本身的接头部件无隔离密封，导体引向电气设备接头部件前的管段。

（2）直径 50 mm 以上钢管距引入的接线箱 450 mm 以内处，以及直径 50 mm 以上钢管每距 15 m 处。

（3）相邻的爆炸性气体环境 1 区、2 区之间；爆炸性气体环境 1 区、2 区与相邻的其他危险环境或正常环境分界处。

二、粉尘、纤维爆炸危险环境电气线路选用

粉尘、纤维爆炸危险环境电气线路的选用与气体、蒸气危险环境大致相同。

爆炸性粉尘（含纤维）环境的高压配线和有剧烈振动处的配线应采用铜芯电缆。架空桥架敷设时宜采用阻燃电缆。

爆炸性粉尘环境内，严禁采用绝缘导线明敷设或塑料管明敷设。

1. 电缆配线

电压为 1 000 V 以下的电缆配线的技术要求参见表 4—12。铝芯绝缘导线或电缆的连接与封端应采用压接。21 区内电缆线路不应有中间接头。其他要求与爆炸性气体环境大致相同。

表 4—12　　　　爆炸性粉尘环境电缆配线技术要求

类别	电缆最小截面	移动电缆
21 区	铠装，铜芯 2.5 mm² 及以上	重型
22 区	铠装，铜芯 1.5 mm² 及以上，或铠装，铝芯 2.5 mm² 及以上	中型

2. 钢管配线

电压为 1 000 V 以下的钢管配线的技术要求参见表 4—13。其他要求与爆炸性气体环境大致相同。

表 4—13　　　　爆炸性粉尘环境钢管配线技术要求

类别	绝缘导线的最小截面	接线盒、分支盒	管子连接要求
21 区	铜芯 2.5 mm² 及以上	尘密型	螺纹啮合不少于 5 扣
22 区	铜芯 1.5 mm² 及以上；铝芯 2.5 mm² 及以上	尘密型，也可采用防尘型	螺纹啮合不少于 5 扣

三、火灾危险环境电气线路选用

火灾危险环境电气线路的选用应符合下列要求：

1. 在火灾危险环境内，可采用非铠装电缆或钢管配线明敷设。在火灾危险环境 21 区或 23 区内，可采用硬塑料管配线。在火灾危险环境 23 区内，当远离可燃物质时，可采用绝缘导线在绝缘子上敷设。沿未抹灰的木质吊顶和木质墙壁敷设的以及木质闷顶内的电气线路应穿钢管明设。

2．在火灾危险环境内，电力、照明线路的绝缘导线和电缆的额定电压，不应低于线路的额定电压，且不低于 500 V。

3．在火灾危险环境内，当采用铝芯绝缘导线和电缆时，应有可靠的连接和封端。

4．在火灾危险环境 21 区或 22 区内，电动起重机不应采用滑触线供电；在火灾危险环境 23 区内，电动起重机可采用滑触线供电，但在滑触线下方不应堆置可燃物质。

5．移动式和携带式电气设备的线路，应采用移动电缆或橡胶套软线。

6．在火灾危险环境内，当需要采用裸铝、裸铜母线时，应注意：不需拆卸检修的母线连接处，应采用熔焊或钎焊；母线与电气设备的螺栓连接应可靠，并应防止自动松脱；在火灾危险环境 21 区和 23 区内，母线宜装设保护罩，当采用金属网保护罩时，应采用 IP2X 结构，而在火灾危险环境 22 区内，母线应有 IP5X 结构的外罩；当露天安装时，应有防雨雪措施。

7．10 kV 及以下架空线路严禁跨越火灾危险区域。

第5章　电气防爆技术

第1节　电气综合防爆技术

一、消除或减少爆炸性混合物

这项措施属于通用防火防爆技术措施，包括：采取封闭式作业，防止爆炸性混合物泄漏；清理现场积尘，防止爆炸性混合物积累；设计正压室，防止爆炸性混合物侵入；采取开式作业或通风措施，稀释爆炸性混合物；在危险空间充填惰性气体或不活泼气体，防止形成爆炸性混合物；安装报警装置，当混合物中危险物质的浓度达到其爆炸下限的 10% 时报警等。

在爆炸危险环境，如有良好的通风装置，能降低爆炸性混合物的浓度，环境危险等级可以降低考虑。

蓄电池可能有氢气排出，应有良好的通风。

变压器室一般采用自然通风；采用机械通风时，其送风系统不应与爆炸危险环境的送风系统相连，且供给的空气不应含有爆炸性混合物或其他有害物质；几间变压器室共用一套送风系统时，每个送风支管上应装阻火阀，其排风系统应独立装设。排风口不应设在窗口的正下方。

通风系统应用非燃烧性材料制作，结构应坚固，连接应紧密；通风系统内不应有阻碍气流的死角；电气设备应与通风系统联锁，运行前必须先通风，通过的气流量不小于该系统容积的 5 倍时才能接通电气设备的电源；在运行中，通风系统内的正压不应低于 266.64 Pa，当低于 133.32 Pa 时，应自动断开电气设备的主电源或发出信号；通风系统排出的废气，一般不应排入爆炸危险环境。对于闭路通风的防爆正压型电气设备及其通风系统，应供给清洁气体以补充漏损，保持系统内的正压；电气设备外壳及其通风、充气系统内的门或盖子上，应有警告标志或联锁装置，防止运行中错误打开。爆炸危险环境内的事故排风用电动机的控制设备应设在事故情况下便于操作的地方。

二、隔离和间距

隔离是将电气设备分室安装，并在隔墙上采取封堵措施，以防止爆炸性混合物进入。电动机隔墙传动时，轴与轴孔之间应采取密封措施；将工作时产生火花的开关设备装于危险环境范围以外（如墙外）。采用室外灯具通过玻璃窗给室内照明等也属于隔离措施。将普通拉线开关浸泡在绝缘油内运行，并使油面有一定高度、保持油的清洁，以及将普通日光灯装入高强度玻璃管内，并用橡皮塞严密堵塞两端等属于简单的隔离措施。简单的隔离措施只用作临时性或爆炸危险性不大的场合。

室内电压 10 kV 以上、总油量 60 kg 以下的充油设备，可安装在两侧有隔板的间隔内；总油量 60～600 kg 者，应安装在有防爆隔墙的间隔内；油量 600 kg 以上者，应安装在单独的防爆间隔内。

10 kV 及 10 kV 以下的变配电室不得设在爆炸危险环境的正上方或正下方；变电室与各级爆炸危险环境毗连，以及配电室与 1 区或 21 区爆炸危险环境毗连时，最多只能有两面相连的墙与危险环境共用；配电室与 2 区或 22 区爆炸危险环境毗连时，最多只能有三面相连的墙与危险环境共用。10 kV 及 10 kV 以下的变配电室也不宜设在火灾危险环境的正上方或正下方。配电室允许通过走廊或套间与火灾危险环境相通，但走廊或套间应由非燃性材料制成；而且除火灾危险 23 区环境以外，门应有自动关闭装置。1 000 V 以下的配电室可以通过难燃材料制成的门与 2 区、22 区爆炸危险环境和火灾危险环境相通。

变配电室与爆炸危险环境或火灾危险环境毗连时，隔墙应用非燃性材料制成。与 1 区和 21 区环境共用的隔墙上，不应有任何管子、沟道穿过；与 2 区或 22 区环境共用的隔墙上，只允许穿过与变电室、配电室有关的管子和沟道，孔洞、沟道应用非燃性材料严密堵塞。

毗连变电室、配电室的门、窗应向外开，通向无爆炸或火灾危险的环境。

室外变电站、配电站与建筑物、堆场、储罐应保持规定的防火间距，且变压器油量越大，建筑物耐火等级越低以及危险物质储量越大者，所要求的间距也越大。必要时可加防火墙。还应当注意，露天变电、配电装置不应设置在易于沉积可燃粉尘或可燃纤维的地方。

为了防止电火花或危险温度引起火灾，开关、插销、熔断器、电热器具、照明器具、电焊设备、电动机等均应避开易燃物或易燃建筑构件。起重机滑触线的下方，不应堆放易燃物品。

10 kV 及以下架空线路，严禁跨越火灾和爆炸危险环境；当线路与火灾和爆炸危险环境接近时，其间水平距离一般不应小于杆柱高度的 1.5 倍。在特殊情况下，采取有效措施后允许适当减小距离。

三、消除引燃源

为了防止出现电气引燃源，应根据爆炸危险环境的特征和危险物的级别、组别选用电气设备和电气线路，并保持电气设备和电气线路安全运行。安全运行包括电流、电压、温升、温度等参数不超过允许范围，包括绝缘良好、连接和接触良好、整体完好无损、清洁、标志清晰等。

保持设备清洁有利于防火。设备脏污或灰尘堆积既降低设备的绝缘又妨碍通风和冷却，特别是正常时有火花产生的电气设备，很可能由于过分脏污引起火灾。

在爆炸危险环境，应尽量少用携带式电气设备，应尽量少装插销座和局部照明灯。为了避免产生火花，在爆炸危险环境更换灯泡应停电操作，基于同样理由，在爆炸危险环境内一般不应进行测量操作。

四、爆炸危险环境接地和接零

爆炸危险环境的接地、接零比一般环境要求高。

1. 防护系统

在不接地配电系统中，应采用 IT 系统；在变压器中性点直接接地配电系统中，只能采用有专用 PE 线的 TN - S 系统。

2. 接地、接零实施范围

除生产上有特殊要求的以外，一般环境不要求接地（或接零）的部分仍应接地（或接零）。例如，在不良导电地面处，交流 380 V 及以下、直流 440 V 及以下的电气设备正常时不带电的金属外壳，还有交流 127 V 及以下、直流 110 V 及以下的电气设备正常时不带电的金属外壳，还有安装在已接地金属结构上的电气设备，以及敷设有金属包皮且两端已接地的电缆用的金属构架均应接地（或接零）。

3. 保护导线

1 区和 21 区的所有电气设备和 2 区、22 区除照明灯具以外的其他电气设备应使用专门的保护线，穿电线的金属管、电缆的金属外套等只能作为辅助保护导体；专用接地线若与相线敷设在同一保护管内时，应有与相线相同的绝缘。除输送爆炸危险物质的管道以外，2 区的照明器具和 22 区的所有电气设备，允许利用连接可靠的金属管线或金属桁架作为保护线。保护线的最小截面，铜导体不得小于 4 mm²，钢导体不得小于 6 mm²。

爆炸危险环境内的电气设备与接地线的连接，宜采用多股软线，其铜线最小截面积不得小于 4 mm²，易受机械损伤的部位应装设保护管。

爆炸危险环境中的接地干线通过与其他环境共用的隔墙或楼板时，应采用钢管保护，并做好隔离密封。

爆炸危险环境内接地或接零用的螺栓应有防松装置；接地线紧固前，其接地端子及上述紧固件，均应涂电力复合脂。

4. 整体性连接

在爆炸危险环境，必须将所有设备正常时不带电的金属部分、金属管道以及建筑物的金属结构全部接地（或接零），并连接成连续整体，以保持电流途径不中断，防止其间产生危险的电位差。接地（或接零）干线宜在爆炸危险环境不同方向不少于两处与接地体相连，连接要牢固，以提高可靠性。

电气设备及灯具的专用保护线，应单独与接地干线或接地网连接。

铠装电缆引入电气设备时，其保护芯线应与设备内接地螺栓连接；钢带及金属外壳应与设备外接地螺栓连接。

5. 保护方式

在不接地配电网中，必须装设一相接地时或严重漏电时能自动切断电源的保护装置或能发出声、光双重信号的报警装置。在变压器中性点直接接地的配电网中，为了提高可靠性，缩短短路故障持续时间，系统单相短路电流应当大一些。其最小单相短路电流不得小于该段线路熔断器额定电流的 5 倍，或低压断路器瞬时（或短延时）动作电流脱扣器整定电流的 1.5 倍。单相设备的相线和工作零线均应装有短路保护元件，并装设双极开关同时操作相线和工作零线。

第 2 节　防爆电气设备安全运行

一、防爆电气设备安全运行的通用要求

1. 最高表面温度

对于Ⅰ类设备，当设备表面可能堆积煤尘时，最高表面温度不应超过 150℃；当设备表面不会堆积煤尘或采取密封防尘、通风等措施可以防止堆积煤尘时，最高表面温度不应超过 450℃。

对于Ⅱ类设备，设备的最高表面（含增安型、无火花型设备内部）温度不得超过表 5—1 中的限值。

表 5—1　　　气体、蒸气危险环境电气设备最高表面温度

组别	T1	T2	T3	T4	T5	T6
最高表面温度/℃	450	300	200	135	100	85

工厂粉尘、纤维爆炸危险环境用防爆电气设备的最高表面温度不得超过表 5—2 中的限值。粉尘、纤维爆炸危险环境电气设备的最高表面温度不得超过 125℃，或沉积厚度 5 mm 以下时低于引燃温度的 75℃，或不超过引燃温度的 2/3。

表 5—2　粉尘、纤维危险环境电气设备最高表面温度/℃

组别	电气设备表面或零部件温度极限值	
	无过负荷可能的设备	有过负荷可能的设备
T11	215	190
T12	160	140
T13	110	100

2. 开启门、盖的允许时间

内装电容器的防爆型电气设备，由断电至打开门、盖的时间必须大于电容器放电至安全范围以内所需的时间。如充电电压高于 200 V，Ⅰ、ⅡA 类设备剩余电能不得超过 0.2 mJ；ⅡB 类设备不得超过 0.06 mJ；ⅡC 类设备不得超过 0.02 mJ。如充电电压低于 200 V，允许的剩余电能增大为上列限值的 2 倍。

内装热元件的防爆型电气设备，由断电至打开门、盖的时间必须大于热元件温度降低至低于设备允许的最高表面温度所需的时间。

门、盖上应有防止贸然打开的警告牌。

3. 非金属外壳和外壳上的非金属部件

非金属外壳和外壳上的非金属部件所用材料的生产厂家应提供材料的技术资料。所用材料应有足够的热稳定性和耐寒性能。Ⅰ类设备的外壳应具有阻燃性能。对于移动式设备和可能遭受摩擦的固定设备，所用材料应具有抗静电性能。塑料外壳、部件上尽量不要有螺孔。

材料抗静电性能的要求是：

（1）Ⅰ类设备的外壳塑料面积大于 100 mm^2 时，常温下表面绝缘电阻不应超过 1 000 MΩ。

（2）如无附加防静电措施，ⅡA、ⅡB 类设备的外壳塑料面积一般不应超过 100 mm^2，ⅡC 一般不应超过 20 mm^2；常温下表面绝缘电阻不应超过 1 000 MΩ。

4. 紧固件和联锁装置

防爆电气设备的紧固件必须使用工具才能松开或拆除。

防爆电气设备的联锁装置必须使用专用工具才能解除其联锁作用。

5. 连接件

防爆电气设备的连接件的爬电距离、电气间隙应符合相应的防爆要求。连接件应能防止导线松动、扭转，并保证持久的接触压力。

引入电缆的自由端应做适当保护。绝缘套管应安装牢固。黏结材料应有足够的热稳定性，其极限温度至少应比最高温度高出 20℃。需要接地的固定设备应有接地连接件。设备外保护线截面不应小于 4 mm²。

6. 电缆和导管引入装置

引入装置如图 5—1 所示。引入装置不应损伤设备的防爆性能；应有夹紧装置，并予封堵。

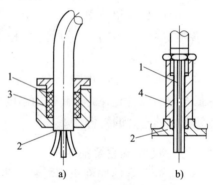

图 5—1　防爆电气设备的引入装置

a）电缆引入装置　b）导管引入装置

1—引入点；2—导线分支点；3—密封圈；4—填料

二、各类设备典型运行要求

1. 隔爆型电气设备

隔爆型电气设备的外壳用钢板、铸钢、铝合金、灰铸铁等材料制成。

隔爆型电气设备可经隔爆型接线盒（或插销座）接线，亦可直接接线。连接处应有防止拉力损坏接线端子的设施，应有密封措施，连接装置的结合面应有足够的长度。

隔爆型电气设备的紧固螺栓和螺母须有防松装置，不透螺孔须留有 1.5 倍防松垫圈厚度的余量；紧固螺栓不得穿透外壳，周围和底部余厚不得小于 3 mm。螺纹啮合不得少于 6 扣，啮合长度的要求是：容积 100 cm³ 及以下者不得小于 5 mm，容积 100 cm³ 以上者不得小于 8 mm。

正常运行时产生火花或电弧的电气设备须设有联锁装置。保证电源接通时不能打开壳、盖，而壳、盖打开后不能接通电源。

2. 增安型电气设备

增安型设备的绝缘带电部件的外壳防护不得低于 IP44，裸露带电部件的外壳防护不得低于 IP54。引入电缆或导线的连接件应保证与电缆或导线连接牢固、接线方便，同时还须防止电缆或导线松动、自行脱落、扭转，并能保持足够的接触压力。在正常工作条件下，连接件的接触压力不得因温度升高而降低。连接件不得带有可能损伤电缆或导线的棱角；正常紧固时不得产生永久变形和自行转动。不允许用绝缘部件传递连接点压力。用于连接多股线的连接件须采取措施防止导线松股。使用铝导线时，应采用铜铝过渡接头。

3. 本质安全型电气设备

本质安全型设备导线的许用电流可参考表 5—3 所列数据；除特殊情况外，该型设备及其关联设备外壳防护等级不得低于 IP20、煤矿井下采掘工作面的不得低于 IP54。其外部连接可以采用接线端子与接线盒，或采用插接件；接线端子之间、接线端子与外壳之间均应有足够的距离；插接件应有防止拉脱的措施。

表 5—3　　　本质安全型设备导线的许用电流 （TI ~ T4）

导线截面/mm²	0.17	0.03	0.09	0.19	0.28	0.44
最大许用电流/A	1.0	1.65	3.3	5.0	6.5	8.3

对于独立供电的本质安全型电气设备，不得更换与铭牌中规定的其他型号、规格的电池。

4. 正压型电气设备

其外壳内不得有影响安全的通风死角。正常时，其出风口气压或充气气压不得低于 196 Pa；当压力低于 98 Pa 或压力最小处的压力低于 49 Pa 时，必须发出报警信号或切断电源。

这种设备应有联锁装置，应保证运行前先通风、充气；停机后再停风、停气。

在这种设备运行中，火花、电弧不得从缝隙或出风口吹出。

5. 充油型电气设备

充油型设备外壳上应有排气孔，孔内不得有杂物；油量必须足够，最低油面以下油面深度不得小于 25 mm；油面指示必须清晰；油质必须良好；油面温升 T1～T5 组不得超过 60 K，T6 组不得超过 40 K。充油型设备运行中不得移动，机械连接不得松动。

6. 充砂型电气设备

充砂型设备的外壳应有足够的机械强度，其防护等级不得低于 IP44。细粒填充材料应填满外壳所有空隙；颗粒直径为 0.25～1.6 mm。填充时细粒材料含水量不得超过 0.1%。

7. 无火花型电气设备

无火花型设备的外壳防护等级，绝缘带电部件的一般不应低于 IP44，裸露带电部件的一般不应低于 IP54。设备铭牌上应注明限制使用的范围。

8. 浇封型电气设备

浇封型设备的浇封剂应具有化学、热、电、机械方面的稳定性；浇封后不得有可见孔隙；开关触头应带外壳浇封；浇封层厚度一般不应小于 3 mm。

9. 气密型电气设备

气密型设备应尽量减少接缝；外壳各部分必须用熔化、挤压或胶粘的方法密封，不得采用衬垫密封方式；使用过程中不得打开。

10. 粉尘防爆电气设备

粉尘防爆电气设备的表面最高温度，不应超过表 5—4 中所列数值。

表5—4	粉尘防爆电气设备表面最高温度/℃	
温度组别	无过负荷	有认可的过负荷
T11	215	190
T12	160	145
T13	120	110

第3节 可燃气体检测

安装永久性可燃气体监测系统和定期检测可燃气体浓度可以做到心中有数，是防止爆炸事故的有效措施。

一、可燃气体检测仪

不同类型的可燃气体检测仪由传感器（探测器）、测量电路和显示单元组成。

检测浓度用百万分比 ppm 表示。为了安全，当可燃气体浓度达到其爆炸下限（LEL）的20%时发出警报。

可燃气体检测仪基本上是按传感器的类型分类的。

催化燃烧型传感器属于热电阻传感器。催化燃烧型传感器一般用铂丝作为载体催化元件。被测气体经小气泵吸入探头，在探头里的铂丝表面发生无焰燃烧，使铂丝温度升高。随着可燃气体成分、浓度的不同，无焰燃烧产生的热量也不同，铂丝温度发生变化，电阻率随之发生变化。利用桥式测量电路测量铂丝的电阻，经过放大、比较和运算，再经转换后发出声、光信号，显示可燃气体的含量。铂丝的特点是精度高、稳定性好、选择性好、性能可靠。也有的检测仪是让被测气体经扩散进入探头。其成本较低，但容易受环境条件的影响。

测量时应考虑控制引线对测量结果的影响。测量电路一般应用不平衡电桥。桥式电路有2线、3线、4线接线方式。2线式接线简单、费用低，但其引线电阻会带来附加误差，只用于引线不长、测温精度要求较低的场合；3 线式接线如图 5—2a 所示，用于一般精度的工业测量；4 线式接线如图 5—2b 所示，用于高精度测量。

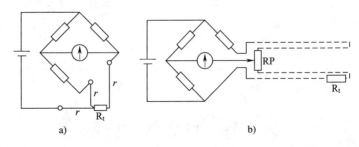

图 5—2 热电阻传感器桥式测量电路

a) 3 线式 b) 4 线式

半导体型传感器用半导体材料制成探测元件，利用 N 型半导体获得电子后电阻减小，P 型半导体获得电子后电阻增大的规律进行检测。有的半导体材料即使在常温下也表现不同的电阻率。例如，SnO_2 金属氧化物半导体属于 N 型半导体，在 200～300℃ 状态下吸附空气中的氧，形成负离子的氧吸附，半导体内的电子密度减小，电阻值增大；当遇到有能供给电子的可燃气体（如 CO）时，可燃气体以正离子状态取代被吸附的氧。过程中放出电子，半导体内电子密度增大，电阻值下降。半导体气敏元件有直热式和旁热式两种。直热式气敏元件的加热丝直接烧结在金属氧化物半导体管芯内；旁热式气敏元件以陶瓷管为基底，管内穿加热丝，管外烧结金属氧化物气敏材料。半导体气敏传感器具有灵敏度高、响应快、简单等特点，可用于天然气、煤气、氢气、烷类气体、烯类气体、汽油、煤油、乙炔、氨气、酒精、烟雾等的检测和报警。

红外传感器是利用红外辐射制成的传感器，也可用于气体分析。红外辐射俗称红外线，是一种不可见光。红外线的频率和波长为 $3 \times 10^5 ～ 3 \times 10^8$ Hz 和 $10^5 ～ 10^2$ cm。红外辐射在气体里传播时，不同气体对不同波长的红外线有不同的吸收带。例如，CO 气体对波长 4.65 μm 左右的红外线有很强的吸收能力；CO_2 气体对波长 2.78 μm、4.26 μm 左右以及波长 13 μm 以上红外线有很强的吸收能力。红外气体分析仪就是利用这一特性制成的。

红外气体分析仪由红外线辐射光源、气室、红外检测器、测量电路等组成（见图5—3）。光源是先由镍铬丝通电加热发出 $3 \sim 10~\mu m$ 的红外线，再由切光片将连续的红外线调制成脉冲的红外线，以便于红外线检测器的检测。滤波气室滤去不需要的红外线。测量气室中通入被分析的气体，参比气室中封入不吸收红外线的气体（如 N_2 等）。红外检测器是带有两个吸收气室的薄膜电容型检测器。吸收气室的气体吸收了红外辐射能量后，气体温度升高，室内压力将发生变化。例如，分析 CO 气体的含量时，两束红外线经反射、切光后射入测量气室和参比气室，由于 CO 气体对 $4.65~\mu m$ 的红外线有较强的吸收能力，而参比气室中气体不吸收红外线，射入红外探测器两个吸收气室的红外线产生能量差异，使测量边吸收室的压力较小，薄膜向右方偏移，输出电容量增大。也就是说，电容的变化量是被分析气体中某种气体浓度的函数。

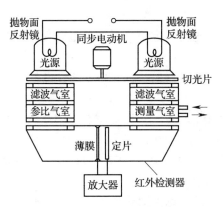

图5—3　红外气体分析仪组成图

二、可燃性气体检测仪安装

相关标准、规范性文件规定了安装可燃气体监测系统的要求。例如，GB 50058—1992《爆炸和火灾危险环境电力装置设计规范》第2.1.3 条规定："对区域内易形成和积聚爆炸性气体混合物的地点设置自动测量仪器装置，当气体或蒸气浓度接近爆炸下限值的50%时，应能可靠地发出信号或切断电源。"GB 50016—2006《建筑设计防火规范》第11.4.2条规定:"建筑物内可能散发可燃气体、可燃蒸气的场所应设可燃气体报警装置。"GB 50160—2008(2012年版)《石油化工企业设计防火规范》第5.1.3条规定:"在使用或产生甲类气体或甲、乙_A类液体的工艺装置、系统单元和储运设施区内,应按区域控制和重点控制相结合的原则,装设可燃气体报警系统。"AQ 3009—2007《危险场所电气防爆安全规范》第7.1.3.1.2条规定:"应指定化验分析人员经常检测设备周围爆炸性混合物的浓度。"等。

可燃气体监控系统是比较简单的定点监控系统。探头获取的信号经转换后送到监控室,在监控室处理后显示出来。探头的安装应注意以下问题:

1. 安装前检查探头是否完好,规格是否与安装条件相符,并校准。

2. 应尽量在接近阀门、管道接头等较容易泄漏处安装探头,且与阀门、管道接头等之间的距离不宜超过1 m。

3. 探头应尽量避开高温、潮湿、多尘等有害环境,并不得妨碍正常操作。

4. 可燃气体比空气轻时,探头应安装在设备上方;离屋顶距离视建筑特征、建筑物内设备安装等因素确定,通常1 m左右。

5. 可燃气体比空气重时,探头应安装在设备下方;离地面高度不应太大,通常不超过1.5~2 m。

6. 探头安装可采用吊装、壁装、抱管安装等安装方式,安装应牢固;应方便维护、标定。

7. 探头所接电线应采用三芯屏蔽电缆,芯线截面不应小于1 mm^2,屏蔽层应接地;电线安装应符合所在场所电力线路的安装要求。

8. 探头应定期标定。

9. 安装作业应符合爆炸危险环境作业的要求。

运行中的可燃气体检测仪可能失灵,出现误报、拒报现象。除可燃气体检测仪本身的问题外,安装、使用不当也会导致报警失灵。此外,安装环境的电磁波、线路上的电磁脉冲、电源电压波动等也可能导致检测仪失灵。应注意对可燃性气体检测仪的保养。超过服役期(约10年)的可燃性气体检测仪应及时更换。

第4节 消防供电和电气灭火

一、消防供电

高度超过 24 m 的医院、百货楼、展览楼、财政金融楼、电信楼、省级邮政楼和高度超过 50 m 的可燃物品厂房、库房，以及超过 4 000 个座位的体育馆、超过 2 500 个座位的会堂等大型公共建筑，其消防设备（如消防控制室、消防水泵、消防电梯、消防排烟设备、火灾报警装置、火灾事故照明、疏散指示标志和电动防火门窗、卷帘、阀门等）应采用一级负荷供电。

室外消防用水量大于 0.03 m^3/s 的工厂、仓库或室外消防用水量大于 0.035 m^3/s 的易燃材料堆物、油罐或油罐区、可燃气体储罐或储罐区，以及室外消防用水量大于 0.025 m^3/s 的公共建筑物，应采用 6 kV 以上专线供电，并应有两回线路。超过 1 500 个座位的影剧院、室外消防用水量大于 0.03 m^3/s 的工厂、仓库等，宜由终端变电所两台不同变压器供电，且应有两回线路，最末一级配电箱处自动切换。

在某些电厂、仓库、民用建筑、储罐和堆物如仅有消防水泵，而采用双电源或双回路供电确有困难，可采用内燃机作为带动消防水泵的动力。

鉴于消防水泵、消防电梯、火灾事故照明、防烟、排烟等消防用电设备在火灾时必须确保运行，而平时使用的工作电源发生火灾时又必须停电，从保障安全和方便使用出发，消防用电设备配电线路应设置单独的供电回路，即要求消防用电设备配电线路与其他动力、照明线路（从低压配电室至最末一级配电箱）分开单独设置。为避免在紧急情况下操作失误，消防配电设备应有明显标志。

为了便于安全疏散和火灾扑救，在可能有众多人员聚集的大厅及疏散出口处、高层建筑的疏散走道和出口处、建筑物内封闭楼梯间、防烟楼梯间及其前室以及消防控制室、消防水泵房等处应设置事故照明。

二、电气灭火

火灾发生后，电气设备和电气线路可能是带电的，如不注意，可能引起触电事故。根据现场条件，可以断电的应断电灭火；无法断电的则带电灭火。电力变压器、多油断路器等电气设备充有大量的油，着火后可能发生喷油甚至爆炸，造成火焰蔓延，扩大火灾范围。这是必须注意防范的。

(1) 触电危险和断电

电气设备或电气线路发生火灾，如果没有及时切断电源，扑救人员身体或所持器械可能接触带电部分，造成触电事故；使用导电的灭火剂，如水枪射出的直流水柱、泡沫灭火器射出的泡沫等射至带电部分，也可能造成触电事故；火灾发生后，电气设备可能因绝缘损坏而碰壳，电气线路可能因电线断落而接地，使正常时不带电的金属构架、地面等部位带电，还可能导致接触电压或跨步电压触电的危险。

因此，发现起火后，首先要设法切断电源。切断电源应注意以下几点：

1) 火灾发生后，由于受潮和烟熏，开关设备绝缘能力降低。因此，拉闸时最好用绝缘工具操作。

2) 不论是高压还是低压，应先断开断路器或接触器，后断开隔离开关或刀开关。

3) 切断电源的地点要选择适当，防止切断电源后影响灭火工作。

4) 剪断电线时，不同相的电线应在不同的部位剪断，以免造成短路；剪断空中的电线时，剪断位置应选择在电源方向的固定点附近，以防止电线剪后断落下来造成接地短路和触电事故。

(2) 带电灭火安全要求

有时，为了争取灭火时间，防止火灾扩大，来不及断电；或因灭火等需要而不允许断电，则需要带电灭火。带电灭火须注意以下几点：

1) 应按现场特点选择适当的灭火器。二氧化碳、干粉等灭火器的灭火剂都是不导电的，可用于带电灭火。泡沫灭火器的灭火剂有一定的导电性，而且对电气设备的绝缘有影响，不能用于带电灭火。

2）用水枪灭火时宜采用喷雾水枪，这种水枪流过水柱的泄漏电流小，带电灭火比较安全；用普通直流水枪灭火时，为防止通过水柱的泄漏电流通过人体，可以将水枪喷嘴接地，也可以让灭火人员穿戴绝缘手套和绝缘靴或穿戴均压服操作。

3）人体与带电体之间保持必要的安全距离。用水灭火时，水枪喷嘴至带电体的距离：电压 10 kV 及以下者不应小于 3 m。用二氧化碳等有不导电灭火剂的灭火器灭火时，机体、喷嘴至带电体的距离：电压 10 kV 者不应小于 0.4 m。

4）对架空线路等空中设备进行灭火时，人体位置与带电体之间的仰角不应超过 45°。

（3）充油电气设备灭火

充油电气设备的油，闪点多为 130 ~ 140℃，有较大的危险性。如果只在设备外部起火，可用二氧化碳、干粉灭火器带电灭火。如火势较大，应切断电源，并可用水灭火。如油箱破坏，喷油燃烧，火势很大时，除切断电源外，有事故储油坑的应设法将油放进储油坑，坑内和地面上的油火可用泡沫扑灭；要防止燃烧着的油流入电缆沟而顺沟蔓延。

发电机和电动机等旋转电机起火时，为防止轴和轴承变形，可令其慢慢转动，用喷雾水灭火，并使其均匀冷却；也可用二氧化碳或蒸气灭火，但不宜用干粉、沙子或泥土灭火，以免损伤电气设备的绝缘。

第6章 防雷和静电防护技术

第1节 防 雷

一、雷电概要

带电积云是构成雷电的基本条件。当带不同电荷的积云互相接近到一定程度，或带电积云与大地凸出物接近到一定程度时，发生强烈的放电，同时发出耀眼的闪光。由于放电时温度高达 20 000℃，空气受热急剧膨胀，发出爆炸的轰鸣声。这就是闪电和雷鸣。

1. 雷电种类

（1）直击雷

带电积云与地面建筑物等目标之间的强烈放电称作直击雷。

直击雷的放电过程如图 6—1 所示。带电积云接近地面时，在地面凸出物顶部感应出异性电荷。当积云与地面凸出物之间的电场强度达到 25 ~ 30 kV/cm 时，即发生由带电积云向大地发展的跳跃式先导放电，持续时间约为 5 ~ 10 ms。当先导放电即将达到地面凸出物时，发生从地面凸出物向积云发展的极明亮的主放电，其放电时间仅 50 ~ 100 μs。主放电向上发展，至云端即告结束。主放电结束后空间留有微弱的余光，持续时间约为 30 ~ 150 ms。

大约 50% 的直击雷有重复放电的性质。平均每次雷击有三四个冲击，最多能出现几十个冲击。第一个冲击的先导放电是跳跃式先导放电，第二个以后的先导放电是箭式先导放电。其放电时间仅为 1 ms。一次雷击的全部放电时间一般不超过 500 ms。

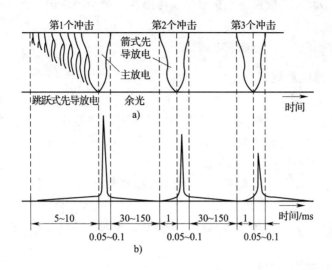

图 6—1　直击雷放电图
a）光学照片图　b）电流波形图

（2）感应雷

感应雷也称作闪电感应，分为静电感应和电磁感应。

静电感应是由于带电积云接近地面，在架空线路导线或其他导电凸出物顶部感应出大量电荷引起的。在带电积云与其他客体放电后，架空线路导线或导电凸出物顶部的电荷失去束缚，以大电流、高电压冲击波的形式，沿线路导线或导电凸出物极快地传播。

电磁感应是由于雷电放电时，巨大的冲击雷电流在周围空间产生迅速变化的强磁场引起的。这种迅速变化的磁场能在邻近的导体上感应出很高的电动势。如系开口环状导体，开口处可能发生击穿放电；如系闭合环路导体，环路内将产生很大的冲击电流。

（3）球雷

球雷是雷电放电时形成的发红光、橙光、白光或其他颜色光的火球；出现的概率约为雷电放电次数的2%；其直径多为20 cm左右；其运动速度约为2 m/s或更高一些；其存在时间为数秒钟到数分钟。球雷是一团处在特殊状态下的带电气体。在雷雨季节，球雷可能从门、窗、烟囱等通道侵入室内。

直击雷和感应雷都能在架空线路或在空中金属管道上产生沿线路或管道的两个方向迅速传播的闪电冲击波（闪电电涌）。直击雷和感应雷都能在空间产生辐射电磁波。

2. 雷电参数

(1) 雷暴日

一天之内能听到雷声的就算一个雷暴日。通常说的雷暴日都是指的一年内的平均雷暴日数，即年平均雷暴日，单位为 d/a。雷暴日数越大，说明雷电活动越频繁。

年平均雷暴日不超过 15 d/a 的地区为少雷区，超过 40 d/a 的为多雷区。长江流域以南大部分地区属于多雷区，西北很多地区属于少雷区。山地雷电活动较平原频繁，山地雷暴日约为平原的三倍。

(2) 雷电流幅值

雷电流幅值指主放电时冲击电流的最大值。雷电流幅值可达数十千安至数百千安。

(3) 雷电流陡度

雷电流陡度指雷电流随时间上升的速度。雷电流冲击波波头陡度可达 50 kA/μs。雷电流波头时间仅数微秒。由于雷电流陡度很大，雷电还具有高频特征。

(4) 雷电冲击过电压

直击雷冲击过电压高达数千千伏；感应雷过电压也高达数百千伏。

由于雷电的电流和陡度很大、放电时间很短，从而表现出极强的爆发性。

3. 雷电的危害

雷电有电性质、热性质、机械性质等多方面的破坏作用。雷电的主要危害是：

(1) 火灾和爆炸

直击雷放电的高温电弧能直接引燃邻近的可燃物造成火灾；高电压造成的二次放电可能引起爆炸性混合物爆炸；巨大的雷电流通过导体，在极短的时间内产生大量的热能，可能烧毁导体、熔化导体，能导致易燃品的燃烧，从而引起火灾乃至爆炸；球雷侵入可引起火灾；数百万伏乃至更高的冲击电压击穿电气设备的绝缘，所导致的短路亦可能引起火灾。

（2）触电

雷电直接对人放电会使人遭到致命电击；二次放电也能造成电击；球雷打击也能使人致命；数十至数百千安的雷电流流入地下，会在雷击点及其连接的金属部分产生极高的对地电压，可能直接导致接触电压和跨步电压电击；电气设备绝缘损坏后，可能导致高压窜入低压，在大范围内带来触电危险。

（3）设备和设施毁坏

数百万伏乃至更高的冲击电压可能毁坏发电机、电力变压器、断路器、绝缘子等电气设备的绝缘、烧断电线或劈裂电杆，还可能击毁电子设备；巨大的雷电流瞬间产生的大量热量使雷电流通道中的液体急剧蒸发，体积急剧膨胀，会造成被击物破坏甚至爆碎；静电力和电磁力也有很强的破坏作用。

（4）大规模停电

电力设备或电力线路遭雷击破坏后即可能导致大规模停电。

4．防雷分类

建筑物按其火灾和爆炸的危险性、人身伤亡的危险性、政治经济价值分为三类。

（1）第一类防雷建筑物

第一类防雷建筑物有：

①制造、使用或储存火药、炸药及其制品，遇电火花会引起爆炸、爆轰，从而造成巨大破坏或人身伤亡的建筑物。

②具有 0 区、20 区爆炸危险场所的建筑物。

③具有 1 区、21 区爆炸危险场所，且因电火花引起爆炸会造成巨大破坏和人身伤亡的建筑物。

（2）第二类防雷建筑物

第二类防雷建筑物有：

①国家级重点文物保护的建筑物。

②国家级的会堂、办公楼、档案馆，大型展览馆，大型机场航站

楼，大型火车站，大型港口客运站，大型旅游建筑，国宾馆，大型城市的重要动力设施。

③国家级计算中心、国际通讯枢纽。

④国际特级和甲级大型体育馆。

⑤制造、使用或储存火炸药及其制品，但电火花不易引起爆炸，或不致造成巨大破坏和人身伤亡的建筑物。

⑥具有1区、21区爆炸危险场所，但电火花引起爆炸或不会造成巨大破坏和人身伤亡的建筑物。

⑦具有2区、22区爆炸危险场所的建筑物。

⑧有爆炸危险的露天气罐和油罐。

⑨预计雷击次数（建筑物年预计雷击次数按防雷标准计算）大于0.05次/年的省、部级办公建筑物和其他重要的或人员集中的公共建筑物以及火灾危险场所内的建筑物。

⑩预计雷击次数大于0.25次/年的住宅、办公楼等一般民用建筑物或一般工业建筑物。

（3）第三类防雷建筑物

第三类防雷建筑物有：

①省级重点文物保护的建筑物和省级档案馆。

②预计雷击次数大于或等于0.01次/年，小于或等于0.05次/年的省、部级办公建筑物和其他重要的或人员集中的公共建筑物以及火灾危险场所内的建筑物。

③预计雷击次数大于或等于0.05次/年，小于或等于0.25次/年的住宅、办公楼等一般民用建筑物或一般工业建筑物。

④年平均雷暴日15 d/a以上地区的高度为15 m及15 m以上的烟囱、水塔等孤立高耸的建筑物，年平均雷暴日15 d/a及15 d/a以下地区的高度为20 m及20 m以上的烟囱、水塔等孤立高耸的建筑物应划为第三类防雷建筑物。

二、防雷装置和防雷技术

1. 防雷装置

防雷装置包括外部防雷装置和内部防雷装置。外部防雷装置由接闪器、引下线和接地装置组成；内部防雷装置主要指防雷等电位联结及防雷间距。

避雷针、避雷线、避雷网、避雷带都是经常采用的防雷装置。严格地说，针、线、网、带都只是直击雷防护装置的接闪器。

接闪器所用材料应能满足机械强度和耐腐蚀的要求，还应有足够的热稳定性。防雷装置的材料及使用条件见表6—1。

表6—1　　　　　　　　防雷装置的材料及使用条件

材料	位于大气中	位于地下	位于混凝土中	耐腐蚀情况		
				在下列环境中能耐腐蚀	在下列环境中增加腐蚀	与下列材料接触严重腐蚀
铜	单根导体、绞线	单根导体、有镀层的绞线、铜管	单根导体、有镀层的绞线	在很多环境中良好	硫化物、有机材料	—
热镀锌钢	单根导体、绞线	单根导体、钢管	单根导体、绞线	在大气、混凝土、无腐蚀性土壤中尚好	氯化物高含量	铜
电镀铜钢	单根导体	单根导体	单根导体	在很多环境中良好	硫化物	—
不锈钢	单根导体、绞线	单根导体、绞线	单根导体、绞线	在很多环境中良好	氯化物高含量	—

续表

材料	位于大气中	位于地下	位于混凝土中	耐腐蚀情况		
				在下列环境中能耐腐蚀	在下列环境中增加腐蚀	与下列材料接触严重腐蚀
铝	单根导体、绞线	不适合	不适合	在低浓度硫化物、氯化物的大气中良好	酸性溶液	铜
铅	有镀铅层的单根导体	禁止	不适合	在含高浓度硫酸化合物的大气中良好	—	铜、不锈钢

注：（1）敷设在黏土或潮湿土壤中的镀锌钢可能受到腐蚀。

（2）在沿海地区，敷设在混凝土中的镀锌钢不宜延伸到土壤中。

（3）地下不得用铝。

（1）接闪器

避雷针、避雷线、避雷网和避雷带都可作为接闪器，建筑物的金属屋面可作为第一类工业建筑物以外其他各类建筑物的接闪器。这些接闪器都是利用其高出被保护物的突出地位，把雷电引向自身，然后，通过引下线和接地装置，把雷电流泄入大地，以此保护被保护物免受雷击。

接闪器的保护范围现有两种计算方法。对于建筑物，接闪器的保护范围按滚球法计算；对于电力装置，接闪器的保护范围按折线法计算。

滚球法是设想一定直径的球体沿地面由远及近向被保护设施滚动，当该球体触及接闪器或其引下线时，球面线即保护范围的轮廓线。滚球的半径按防雷级别确定。各级别的滚球半径见表6—2。除滚球半径外,表中还给出了避雷网网格的要求。

表 6—2　　　　　　滚球半径和避雷网网格/m

建筑物防雷类别	滚球半径	避雷网网格
第一类防雷建筑物	30	≤5×5 或≤6×4
第二类防雷建筑物	45	≤10×10 或≤12×8
第三类防雷建筑物	60	≤20×20 或≤24×16

折线法是将避雷针或避雷线保护范围的轮廓看作是折线,折点在避雷针或避雷线高度的1/2处。对于高度30 m以下的避雷针,上部折线与垂线的夹角不超过45°,下部折线与地面的交点至垂足的距离不超过针高的1.5倍;对于高度30 m以下的避雷线,上部折线与垂线的夹角一般不应超过20°~30°,下部折线与地面的交点至垂足的距离不超过避雷线最低点的高度。

采用热镀锌钢制作的接闪器的最小尺寸见表6—3。接闪器装设在烟囱上方时,由于烟气有腐蚀作用,应适当加大尺寸。

表 6—3　　　　　　接闪器常用材料的最小尺寸

类别	规格	圆钢或钢管		扁钢	
		圆钢直径/mm	钢管直径/mm	截面/mm²	厚度/mm
避雷针	针长1 m以下	12	20	—	—
	针长1~2 m	16	25	—	—
	针在烟囱上方	20	40	—	—
避雷网和避雷带	不在烟囱上方	8	—	50	2.5
	在烟囱上方	12	—	100	4

避雷线一般采用截面积不小于50 mm²的热镀锌钢绞线或铜绞线。

用金属屋面作接闪器时,金属板之间的搭接长度不得小于100 mm;金属板下方无易燃物品时,所用铅板厚度不得小于2 mm、铁板和铜板厚度不得小于0.5 mm、铝板厚度不得小于0.65 mm、锌板厚度不得小于 0.7 mm；金属板下方有易燃物品时，为了防止雷击穿孔，所用铁板、铜板、铝板厚度分别不得小于 4 mm、5 mm、7 mm；金属板不得有绝缘层。

接闪器焊接处应涂防腐漆。接闪器截面锈蚀 30% 以上时应予更换。

（2）避雷器和电涌保护器

避雷器的保护原理如图 6—2 所示。避雷器装设在被保护设施的引入端。正常时处在不通的状态；出现雷击过电压时，击穿放电，切断过电压，发挥保护作用；过电压终止后，迅速恢复不通状态，恢复正常工作。

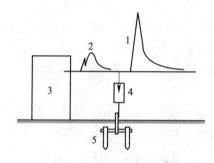

图 6—2　避雷器保护原理

1—线路上的雷电冲击波；2—经过避雷器后的残余波；
3—被保护设施；4—避雷器；5—防雷接地

避雷器主要用来保护电力设备和电力线路，也是用作防止高电压侵入室内而采用的安全措施。避雷器有保护间隙、管型避雷器和阀型避雷器之分。应用最多的是阀型避雷。

老式阀型避雷器主要由瓷套、火花间隙和非线性电阻阀片组成。瓷套起支撑和密封作用。每个火花间隙由两个黄铜电极夹一个云母片组成。云母垫片的厚度为 0.5 ~ 1 mm。低压阀型避雷器仅 1 个火花间隙，高压阀型避雷器有多个串联的火花间隙。非线性电阻阀片是用金刚砂（碳化硅）颗粒烧结而成的直径为 55 ~ 100 mm 的饼形元件。在避雷器火花间隙上串联了非线性电阻之后，能遏制振荡，避免截波，又能限制残压。雷电流通过非线性电阻只遇到很小的电阻，但尾随而来的工频续流会遇到很大的电阻。这为火花间隙切断续流创造了良好的条件。这就是说，非线性电阻和间隙的组合类似一个阀门，对于雷电流，阀门打开，使其泄入地下；对于工频续流，阀门关闭，迅速切断之。FZ 系列阀型避雷器将火花间隙分成若干组，每组火花间隙上并联适当的均压电阻，保护性能得到进一步改善。

压敏阀型避雷器是一种新型的阀型避雷器。这种避雷器没有火花间隙，只有压敏电阻阀片。压敏电阻阀片是由氧化锌、氧化铋等金属氧化物烧结制成的多晶半导体陶瓷元件，具有极好的非线性伏安特性。在工频电压的作用下，电阻阀片呈现极大的电阻，使工频电流极小，以致无须火花间隙即可恢复正常状态。压敏电阻的通流能力很强，故而体积很小。压敏避雷器适用于高、低压电气设备的防雷保护。

电涌保护器就是低压阀型避雷器。其中，有的以气体放电管、晶闸管为主要元件，有的以压敏电阻、二极管为主要元件。无论哪种电涌保护器，无冲击波时都表现为高阻抗，冲击到来时急剧转变为低阻抗。

(3) 引下线

防雷装置的引下线也应满足机械强度、耐腐蚀和热稳定的要求。

引下线一般采用圆钢或扁钢。其尺寸要求与避雷网、避雷带相同。如用钢绞线作引下线，其截面面积不得小于 50 mm^2。

引下线应避免弯曲，经最短途径接地。建筑物的金属构件（如消防梯等）可用作引下线，但所有金属构件之间均应连成电气通路，并连接可靠。引下线上应有供测量用的断接卡（用混凝土钢筋作引下线的除外）。

采用多条引下线时，第一类和第二类防雷建筑物至少应有两条引下线，其间距离分别不得大于 12 m 和 18 m；第三类防雷建筑物周长超过 25 m 或高度超过 40 m 时也应有两条引下线，其间距离不得大于 25 m。

在易受机械损伤的地方，地面以下 0.3 m 至地面以上 1.7 m 的一段引下线应加塑料管、角钢或钢管保护。采用角钢或钢管保护时，应与引下线连接起来，以减小通过雷电流时的电抗。

引下线截面锈蚀 30% 以上者也应予以更换。

（4）防雷接地装置

除独立避雷针外，在接地电阻满足要求的前提下，防雷接地装置可以与其他接地装置共用。

防雷接地装置所用材料应大于一般接地装置的材料。

防雷接地电阻一般指冲击接地电阻。接地电阻值视防雷种类和建筑物类别而定。独立避雷针的冲击接地电阻一般不应大于 10 Ω；附设接闪器每一引下线的冲击接地电阻一般也不应大于 10 Ω，但对于不太重要的第三类建筑物可放宽至 30 Ω。防感应雷装置的工频接地电阻不应大于 10 Ω。防雷电冲击波的接地电阻，视其类别和防雷级别，冲击接地电阻不应大于 5 ~ 30 Ω。其中，阀型避雷器的接地电阻一般不应大于 5 Ω。

（5）消雷装置

消雷装置由顶部的电离装置、地下的电荷收集装置和中间的连接线组成。

消雷装置与传统避雷针的防雷理念完全不同。传统避雷针是利用其突出的位置，把雷电引向自身，将雷电流泄入大地，以保护其保护范围内的设施免遭雷击。消雷装置是设法在高空产生大量的正离子和负离子，与带电积云之间形成离子流，缓慢地中和积云电荷，并使带电积云受到屏蔽，消除落雷条件。

在国家标准中没有提到消雷装置，但 ESE 等消雷装置已经作为商品进入市场。

2. 防雷技术

（1）直击雷防护

第一类防雷建筑物、第二类防雷建筑物、第三类防雷建筑物的易受雷击部位应采取防直击雷防护措施；可能遭受雷击，且一旦遭受雷击后果比较严重的设施或堆料（如装卸油台、露天油罐、露天储气罐等）也应采取防直击雷的措施；高压架空电力线路、发电厂和变电站等也应采取防直击雷的措施。

装设避雷针、避雷线、避雷网、避雷带是直击雷防护的主要措施。

避雷针分独立避雷针和附设避雷针。独立避雷针是离开建筑物单独装设的。一般情况下，其接地装置应当单设。严禁在装有避雷针的构筑物上架设通讯线、广播线或低压线。利用照明灯塔作独立避雷针支柱时，为了防止将雷电冲击电压引进室内，照明电源线必须采用铅皮电缆或穿入铁管，并将铅皮电缆或铁管埋入地下，经 10 m 以上（水平距离，埋深 0.5～0.8 m）才能引进室内。独立避雷针不应设在人经常通行的地方。

附设避雷针是装设在建筑物或构筑物屋面上的避雷针。如系多支附设避雷针或其他接闪器，应相互连接，并与建筑物或构筑物的金属结构连接起来；其接地装置可以与其他接地装置共用，宜沿建筑物或构筑物四周敷设；其接地装置的接地电阻不宜超过 1～2 Ω。

露天装设的有爆炸危险的金属储罐和工艺装置，当其壁厚不小于 4 mm 时，允许不再装设接闪器，但必须接地；接地点不应少于两处，其间距离不应大于 30 m，冲击接地电阻不应大于 30 Ω。如金属储罐和工艺装置击穿后不对周围环境构成危险，则允许其壁厚降低为 2.5 mm。

（2）二次放电防护

防雷装置承受雷击时，其接闪器、引下线和接地装置呈现很高的冲击电压，可能击穿与邻近的导体之间的绝缘，造成二次放电。为了防止二次放电，不论是空气中或地下，都必须保证接闪器、引下线、接地装置与邻近导体之间有足够的安全距离。在任何情况下，第一类防雷建筑物防止二次放电的最小距离不得小于 3 m，第二类防雷建筑物防止二次放电的最小距离不得小于 2 m。不能满足间距要求时应予跨接，即进行等电位连接。

（3）感应雷防护

雷电感应也能产生很高的冲击电压，在电力系统中应与其他过电压同样考虑；在建筑物和构筑物中，主要应考虑由二次放电引起爆炸和火灾的危险。无火灾和爆炸危险的建筑物和构筑物一般不考虑雷电感应的防护。

为了防止静电感应产生的高电压，应将建筑物内的金属设备、金属管道、金属构架、钢屋架、钢窗、电缆金属外皮，以及突出屋面的放散管、风管等金属物件与防雷电感应的接地装置相连。屋面结构钢筋宜绑扎或焊接成闭合回路。对于金属屋顶，应将屋顶妥善接地；对于钢筋混凝土屋顶，应将屋面钢筋焊成 5~12 m 的网格，连成通路并予以接地；对于非金属屋顶，宜在屋顶上加装边长 5~12 m 的金属网格，并予以接地。

为了防止电磁感应，平行敷设的管道、构架、电缆相距不到 100 mm 时，须用金属线跨接，跨接点之间的距离不应超过 30 m；交叉相距不到 100 mm 时，交叉处也应用金属线跨接。管道接头、弯头、阀门等连接处的过渡电阻大于 $0.03\ \Omega$ 时，连接处也应用金属线跨接。

（4）雷电冲击波防护

10 kV 变配电站进线应装设避雷器，防止沿线路传来的雷电冲击波造成危险。避雷器与变压器之间的电气距离不得大于表 6—4 所列数值。

表 6—4　　　　　避雷器与变压器之间的最大电气距离

进线回路数	1	2	3	≥4
电气距离/m	15	23	27	30

对于建筑物，雷电冲击波可能引起火灾或爆炸，也可能伤及人身，为防止雷电冲击波沿低压线进入室内，可采用以下措施：

①线路全长采用直接埋地电缆供电，入户处电缆金属外皮接地。

②架空线转电缆供电，架空线与电缆连接处装设阀型避雷器，并将避雷器、电缆金属外皮、绝缘子铁脚、金具等一起接地。

③架空线供电，入户处装设阀型避雷器或保护间隙，并与绝缘子铁脚、金具一起接地。

室外天线的馈线临近避雷器或避雷针引下线时，馈线应穿金属管或采用屏蔽线，并将金属管或屏蔽接地。如馈线未穿金属管，又不是屏蔽线，则应在馈线上装设避雷器或放电间隙。

（5）电涌防护

电涌防护指对室内浪涌电压的防护。方法是在配电箱或开关箱内安装电涌保护器。电涌保护器的接线如图 6—3 所示。

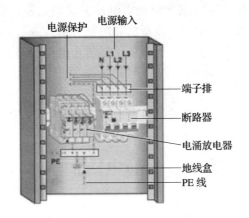

图6—3　电涌保护器的接线

（6）电磁脉冲防护

电磁脉冲防护的基本方法是将建筑物所有正常时不带电的导体进行充分的等电位连接，使之形成严密的闭合回路，并予以接地。同时，在配电箱或开关箱内安装电涌保护器。

（7）人身防雷

雷暴时，由于带电积云直接对人体放电、雷电流入地产生对地电压以及二次放电等都可能对人造成致命的电击，因此，应注意必要的人身防雷安全要求。

雷暴时，非工作必须，应尽量减少在户外或野外逗留的时间；如有条件，可进入有宽大金属构架或有防雷设施的建筑物、汽车或船只内。

雷暴时，应尽量离开小山、小丘、隆起的小道，应尽量离开海滨、湖滨、河边、池塘旁，应尽量避开电力设施、铁丝网、铁栅栏、金属晒衣绳、旗杆、电线杆、烟囱、宝塔、孤树、铁轨附近，应尽量离开没有防雷保护的小建筑物或其他设施。在户外避雨时，要注意离开墙壁或树干8 m以外。

雷暴时，不要在河里游泳或划船。

雷暴时，应停止高空作业；应避免田间工作、避免露天行走；不应持有高出人体的金属器具。

雷暴时，在户内应注意防止雷电冲击波的危险，应离开照明线、动力线、电话线、广播线、收音机和电视机电源线、收音机和电视机天线以及与其相连的各种金属设备，以防止这些线路或设备对人体二次放电。雷暴时人体最好距离可能传来雷电冲击波的线路和设备1.5 m 以上。

雷雨天气，还应注意关闭门窗，以防止球雷进入室内造成危害。

第2节　静电防护技术

静电是在宏观范围内暂时失去平衡的相对静止的正电荷和负电荷。静电现象是十分普遍的电现象。

一、静电产生、影响与特点

1. 静电产生

静电产生的机理比较复杂，产生的方式也很多。其中，最常见的方式是接触—分离起电。如图 6—4 所示，当两种物体接触，其间距离小于 25×10^{-8} cm 时，由于不同物质束缚最外层电子的能力不同，将发生电子转移。因此，界面两侧出会出现大小相等、极性相反的两层电荷。这两层电荷称为双电层。其间的电位差称为接触电位差。当两种物体迅速分离时即可能产生静电。接触电位差虽然只有数毫伏至数百毫伏，但在特定的条件下，可以演变成很高的静电电压。

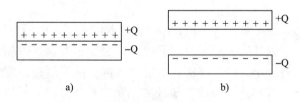

图 6—4　接触—分离起电

a）双电层　b）分离带电

除接触—分离起电外，感应、破断、挤压、吸附也是比较常见的静电起电方式。

液体在流动、过滤、搅拌、喷雾、喷射、飞溅、冲刷、灌注、剧烈晃动等过程中会产生静电。

下列工艺过程比较容易产生和积累静电：

（1）固体物质大面积的摩擦，如纸张与辊轴摩擦、橡胶或塑料碾制、传动带与传动带、传动带轮或辊轴摩擦等；固体物质在压力下接触而后分离，如塑料压制、上光等；固体物质在挤出、过滤时与管道、过滤器等发生摩擦，如塑料的挤出、赛璐珞的过滤等。

（2）固体物质的粉碎、研磨过程；粉体物料的筛分、过滤、输送、干燥过程；悬浮粉尘的高速运动等。

（3）在混合器中搅拌各种高电阻率物质，如纺织品的涂胶过程等。

（4）高电阻率液体在管道中流动且流速超过 1 m/s 时；液体喷出管口时，液体注入容器发生冲击、冲刷和飞溅时等。

（5）液化气体、压缩气体或高压蒸气在管道中流动和出管口喷出时，如从气瓶放出压缩气体、喷漆等。

（6）穿化纤布料衣服、穿高绝缘（底）鞋的人员在操作、行走、起立时等。

2. 静电的影响因素

静电的产生和积累受材质、工艺设备和工艺参数、环境条件等因素的影响。

（1）材质和杂质的影响

对于固体，电阻率 $1 \times 10^{7} \ \Omega \cdot m$ 以下者，由于泄漏较强而不容易积累静电；电阻率 $1 \times 10^{9} \ \Omega \cdot m$ 以上者，容易积累静电。对于液体，电阻率 $1 \times 10^{8} \ \Omega \cdot m$ 以下的液体，由于泄漏较强而不容易积累静电；电阻率 $1 \times 10^{10} \ \Omega \cdot m$ 左右的液体最容易产生静电；电阻率 $1 \times 10^{13} \ \Omega \cdot m$ 以上的液体由于其分子极性很弱反而不容易产生静电。石油制品和苯的电阻率多在 $1 \times 10^{10} \sim 1 \times 10^{11} \ \Omega \cdot m$ 之间，静电危险性较大。

杂质对静电有很大的影响。静电在很大程度上取决于所含杂质的成分。一般情况下，杂质有增强静电的趋势。液体内含有橡胶、沥青等高分子杂质时，会增加静电。液体内含有水分时，在液体流动、搅拌或喷射过程中会产生附加静电；液体宏观运动停止后，液体内水珠的沉降过程要持续相当长一段时间，沉降过程中也会产生静电。如果油管或油槽底部积水，经搅动后容易引起事故。

（2）工艺设备和工艺参数的影响

接触面积越大，双电层正、负电荷越多，产生的静电越多。接触压力越大或摩擦越强烈，会增加电荷分离的强度，产生较多静电。管道内壁越粗糙，接触面积越大，冲击和分离的机会也越多，产生的静电越多。

液体流速和管径对液体静电影响很大。管道内流动液体所产生的静电大致上与流速的 2 次方和管径的 1 次方成正比。

过滤器会大大增加接触和分离程度，可能使液体静电电压增加十几倍到一百倍以上。

（3）环境条件的影响

湿度对静电泄漏的影响很大。随着湿度增加，绝缘体表面凝成薄薄的水膜，并溶解空气中的二氧化碳气体和绝缘体析出的电解质，使绝缘体表面电阻大为降低，从而加速静电泄漏。空气湿度降低，很多绝缘体表面电阻率升高，泄漏变慢，从而容易积累危险静电。由于空气湿度受环境温度的影响，以致环境温度的变化可能加剧静电的产生。

除上述影响因素外，接地措施、空间几何布置、带电过程等也会在很大程度上影响静电。

3. 静电特点

（1）静电电压高

固体静电可达 20 万伏以上，液体静电和粉体静电可达数万伏，气体和蒸气静电可达一万多伏，人体静电也可达一万多伏。

静电电压高的原因不在于静电电荷量大或静电能量大，而在于电容的变化。带静电体的电容在很大程度上取决于其几何条件。带静电体离接地体的距离越大，则对地静电电压越高。

（2）静电泄漏慢

静电泄漏有两条途径：一条是绝缘体表面，一条是绝缘体内部。前者遇到的是表面电阻，后者遇到的是体积电阻。由于容易产生静电的材料是高电阻材料，其上静电泄漏很慢。例如，某橡胶的电阻率 $\rho = 10^{14}\ \Omega \cdot m$、介电常数 $\varepsilon = 17 \times 10^{-12}\ F/m$，则时间常数 $\tau = \varepsilon\rho = 1\ 700\ s$，经 20 min 后其上静电才能泄漏一半。正因为如此，高电阻材料容易积累危险静电。

（3）多种放电形式

如图 6—5 所示，静电放电主要有以下几种形式。

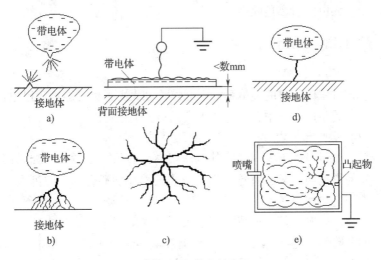

图 6—5　静电放电

a）电晕放电　b）刷形放电　c）传播型刷形放电

d）火花放电　e）云形放电

1）电晕放电

是发生在带电体尖端附近局部区域内的放电。电晕放电可能伴有嘶嘶声和淡蓝色光。电晕放电的电流很小，能量密度不高，如不继续发展则没有引燃危险。

2）刷形放电

是火花放电的一种。其放电通道有很多分支，放电时伴有声光。绝缘体束缚电荷的能力很强，其表面容易出现刷形放电。同一带电绝缘体与其他物体之间，可能发生多次刷形放电。刷形放电能引燃一些敏感度高的爆炸性混合物。当高电阻薄膜背面贴有金属导体时，能形成所谓传播型刷形放电。传播型刷形放电产生密集的火花，引燃危险性较大。

3）火花放电

是放电通道火花集中，即电极上有明显的放电集中点的火花放电。火花放电伴有短促的爆裂声和明亮的闪光，其引燃危险性大。

4）云形放电

是悬浮在空气中的带电粒子形成空间电荷云后所发生的闪电状放电。云形放电的引燃危险性也很大。

二、静电危害与防治

1. 静电的危害

工艺过程中产生的静电可能引起爆炸和火灾，也可能给人以电击，还可能妨碍生产。其中，爆炸或火灾是最大的危害。

（1）爆炸和火灾

静电能量虽然不大，但因其电压很高而容易发生放电。如果所在场所有易燃物质，又有由易燃物质形成的爆炸性混合物，即可能由静电火花引起爆炸。

导体放电时，其上电荷全部消失，其静电能量一次集中释放，有较大的危险性。绝缘体放电时，其上静电能量也不能一次集中释放，危险性较小。但当混合物最小引燃能量很小时，绝缘体上的静电放电火花也能引起混合物爆炸；而且，正是由于绝缘体上的电荷不能在一次放电中全部消失，而使得绝缘体具有多次放电的危险性。

应当指出，带静电的人体接近接地导体或其他导体时，以及接地的人体接近带电的物体时，均可能发生火花放电，导致爆炸或火灾。

（2）静电电击

静电电击不是电流持续通过人体的电击，而是静电放电造成的瞬间冲击性的电击。由于生产工艺过程中积累的静电能量是不大的，静电电击不会使人致命。但是，不能排除由静电电击导致严重后果的可能性。例如，人体可能因静电电击而坠落或摔倒，造成二次事故。静电电击可能引起工作人员紧张而妨碍工作等。

（3）妨碍生产

在某些生产过程中，如不消除静电，将会妨碍生产或降低产品质量。例如，在生产过程中产生的静电可能引起计算机、开关等设备中电子元件误动作，可能对无线电设备产生干扰，还可能击穿集成电路的绝缘等。

2. 静电防护措施

静电最为严重的危险是引起爆炸和火灾。因此，静电安全防护主要是对爆炸和火灾的防护。这些措施对于防止静电电击和防止静电影响生产也是有效的。

（1）环境危险程度控制

是指采取取代易燃介质、降低爆炸性混合物的浓度、减少氧化剂含量等控制所在环境爆炸和火灾危险程度的措施。

（2）工艺控制

是指从材料的选用、摩擦速度或流速的限制、静电松弛过程的增强、附加静电的消除等方面采取措施，限制和避免静电产生、积累的方法。例如，为了有利于静电的泄漏，减轻火花放电和感应带电的危险，可采用阻值为 $10^7 \sim 10^9 \, \Omega$ 的静电导电性工具；为了限制产生危险的静电，应限制燃油在管道内的流速；为了减少附加静电，装油前清除容器底部的积水和污物，应将注油管延伸至容器底部等。

（3）接地

接地的作用主要是消除导体上的静电。金属导体应直接接地。

为了防止火花放电，应将可能发生火花放电的间隙跨接连通起来，并予以接地，使其各部位与大地等电位。为了防止感应静电的危险，不仅产生静电的金属部分应当接地，而且其他不相连接但邻近的金属部分也应接地。

因为静电泄漏电流很小，所以防静电接地电阻原则上不超过1 MΩ即可；对于金属导体，为了检测方便，可要求接地电阻不超过 100 ~ 1 000 Ω；对于产生和积累静电的高绝缘材料，宜通过 $10^6 \, \Omega$ 或稍大一些的电阻接地。

（4）增湿

为防止积累大量带电，相对湿度应在 50% 以上；为了增强降低静电的效果，相对湿度应提高到 65% ~ 70%。

（5）抗静电添加剂

抗静电添加剂是化学药剂，具有良好的导电性或较强的吸湿性。因此，在容易产生静电的高绝缘材料中，加入微量抗静电添加剂之后，能降低材料的体积电阻率或表面电阻率以加速静电的泄漏，消除静电的危险。

（6）静电消除器

静电消除器是能产生电子和离子的装置。由于产生了电子和离子，物料上的静电电荷得到异性电荷的中和，从而消除静电的危险。

静电消除器主要用来消除非导体上的静电。尽管一般不能把带电体上的静电完全消除掉，但可消除至安全范围以内。

第二部分　实际操作技能

第7章 防爆电气设备的识别和选型

第1节 防爆电气设备的识别

一、防爆标志识别

防爆电气设备的主体部分有明显、耐久、清晰标志。标志牌（铭牌）用青铜、黄铜或不锈钢制作。标志 Ex、防爆型式、类别、温度组别用凸纹或凹纹明显标出。

标志牌（铭牌）含有以下内容：

1. 制造厂名称或注册商标。

2. 制造厂所规定的产品名称及型号。

3. 符号 Ex，用以表示该产品符合防爆电气设备专业标准关于防爆型式的规定。

4. 所应用防爆型式的符号，如 o 表示充油型、p 表示正压型、q 表示充砂型、d 表示隔爆型、e 表示增安型、ia 表示 a 类本质安全型、ib 表示 b 类本质安全型、m 表示浇封型、n 表示无火花型、s 表示上列型式以外的特殊型。

5. 电气设备类别符号，Ⅰ 表示矿用电气设备，ⅡA、ⅡB、ⅡC 表示除煤矿以外其他爆炸性气体环境用电气设备。

6. Ⅱ类设备的温度组别或最高表面温度（℃）。

7. 产品编号（接线用附件、表面积很小的设备除外）。

8. 检验单位标志；如果检验单位需要说明特殊使用条件，在合格证号后加符号"×"。

9. 其他标志。

对于复合型电气设备，即电气设备的不同部位应用不同防爆型式的设备，每个部位有相应的防爆型式标志。主体防爆型式标在前面，如 Ex ep T4 表示主体为增安型的设备。

对于只允许用于某一特定气体环境使用的类电气设备，则在 Ⅱ 后面写上气体名称或化学符号，不必标出温度组别，如 Exd Ⅱ（NH$_3$）或 Exd Ⅱ 氨。

对于Ⅱ类设备，或标温度组别或标最高表面温度（℃）或二者并有。二者并有时，温度组别放在后面，并用括号括上。如标 Exe Ⅱ T4 或 Exe Ⅱ（125℃）或 Exe Ⅱ 125℃（T4）。最高表面温度超过450℃的Ⅱ类设备，应标出温度数值。防爆设备设计使用环境温度为 −20 ～ +40℃者不需要附加标志，如超出此范围应有 Ta（或 Tamb）附加标志，如 Ta −30 ～ +50℃或者在合格证号后加符号"×"。

既能用于Ⅰ类环境又能用于ⅡB类环境标出两种类别，如 Exd Ⅰ／Ⅱ BT3。

Ⅰ类特殊型设备标志为 Exs Ⅰ。

粉尘防爆型设备标志的要求与气体防爆型设备大体相同，但简单一些。粉尘防爆型设备的标志由 3 部分构成。第 1 部分是"DIP"，表示防粉尘点燃，该产品符合防爆电气设备专业标准的规定；第 2 部分是"A"或"B"，表示电气设备的类别（见表3—6）；第 3 部分是"21"或"22"，表示所应用的危险区域。

二、外壳防护等级标志识别

电动机和欠电压电器的外壳防护包括两种防护。第一种防护是对固体异物进入内部以及对人体触及内部带电部分或运动部分的防护；第二种防护是对水进入内部的防护。

外壳防护等级按如下方法标志：

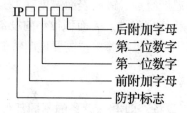

"IP"表示该产品符合外壳防护等级的规定;第一位数字表示第一种防护型式等级;第二位数字表示第二种防护型式等级。仅考虑一种防护时,另一位数字用"×"代替。前附加字母是电动机产品的附加字母,W表示气候防护式电动机、R表示管道通风式电动机;后附加字母也是电动机产品的附加字母,S表示在静止状态下进行第二种防护型式试验的电动机、M表示在运转状态下进行第二种防护型式试验的电动机。如无特别说明,附加字母可以省略。

第一种防护分为7级。各级防护性能见表7—1。

表7—1 电气设备第一种防护性能

防护等级	简称	防护性能
0	无防护	没有专门的防护
1	防护大于50 mm的固体	能防止直径大于50 mm的固体异物进入壳内;能防止人体的某一大面积部分(如手)偶然或意外触及壳内带电或运动部分,但不能防止有意识地接近这些部分
2	防护大于12 mm的固体	能防止直径大于12 mm的固体异物进入壳内;能防止手指触及壳内带电或运动部分①
3	防护大于2.5 mm的固体	能防止直径大于2.5 mm的固体异物进入壳内;能防止厚度(或直径)大于2.5 mm的工具、金属线等触及壳内带电或运动部分①②
4	防护大于1 mm的固体	能防止直径大于1 mm的固体异物进入壳内;能防止厚度(或直径)大于1 mm的工具、金属线等触及壳内带电或运动部分
5	防尘	能防止灰尘进入达到影响产品正常运行的程度;能完全防止触及壳内带电或运动部分①
6	尘密	能完全防止灰尘进入壳内;能完全防止触及壳内带电运动部分①

注:①对用同轴外风扇冷却的电动机,风扇的防护应能防止其风叶或轮辐被试指触及;在出风口,直径50 mm的试指插入时,不能通过护板。
②不包括泄水孔,泄水孔不应低于第2级的规定。

第二种防护分为 9 级。各级防护性能见表 7—2。

表 7—2　　　　　　　　　电气设备第二种防护性能

防护等级	简称	防护性能
0	无防护	没有专门的防护
1	防滴	垂直的滴水不能直接进入产品的内部
2	15 °防滴	与垂线成 15 °角范围内的滴水不能直接进入产品内部
3	防淋水	与垂线成 60 °角范围内的淋水不能直接进入产品内部
4	防溅	任何方向的溅水对产品应无有害的影响
5	防喷水	任何方向的喷水对产品应无有害的影响
6	防海浪或强力喷水	强烈的海浪或强力喷水对产品应无有害的影响
7	浸水	产品在规定的压力和时间下浸在水中，进水量应无有害影响
8	潜水	产品在规定的压力下长时间浸在水中，进水量应无有害影响

第 2 节　爆炸危险区域级别和范围的划分

一、抽吸可燃液体的泵（可燃液体的蒸气比空气重）

如图 7—1 所示。图中 $a = 3$ m、$b = 1$ m、$c = 1.5$ m。

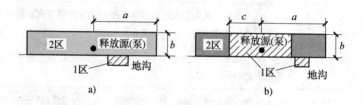

图 7—1　抽吸可燃液体的泵的危险区域

a）泵在户外　b）泵在户内

二、露天压力呼吸阀（气体比空气重）

如图 7—2 所示。图中排放管口直径 25 mm、$r_1 = 3$ m、$r_2 = 5$ m、$r = 1$ m。

三、气体管道的阀门（气体比空气重）

如图 7—3 所示。图中 $r = 1$ m。

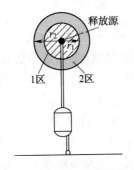

图 7—2　露天压力呼吸阀的
　　　　危险区域

图 7—3　阀门的危险区域

四、敞开的建筑物内地面上的氢气压缩机

如图 7—4 所示。图中 $a = 3$ m、$b = 1$ m、$c = 1$ m。

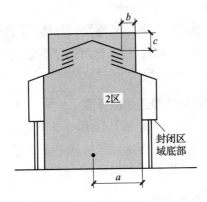

图 7—4　敞开的建筑物内地面上的氢气压缩机的危险区域

第3节 防爆电气设备的选型

一、天然气环境

天然气的主要成分是甲烷（CH_4）。甲烷比空气轻，属于 T1 组、ⅡA 级（见表 3—5）危险气体。

在释放源附近及上方通风死角的 1 区，应选用隔爆型或正压型电动机、隔爆型开关、隔爆型灯具、本质安全型或隔爆型信号装置（见表 4—2～表 4—6），可选用 T1 组、ⅡA 级电气设备。例如，可选用防爆型式 Exd ⅡAT1 的隔爆型电动机、开关、灯具等。考虑到天然气中含有少量的乙烷、丙烷、丁烷等，为稳妥起见，宜选用 Exd ⅡBT4 的隔爆型电动机、开关、灯具等。

在离释放源较远的 2 区，可选用隔爆型或增安型电动机，应选用隔爆型开关，可选用隔爆型或增安型灯具和信号装置（见表 4—2～表 4—6），可选用 T1 组、ⅡA 级电气设备。例如，选用防爆型式 Exde ⅡB T4 的隔爆型开关，选用防爆型式 Exde ⅡB T4 的带有增安型部件的电动机、灯具等。

二、乙炔环境

乙炔（C_2H_2）属于 T2 组、ⅡC 级危险气体。1 区宜选用 Exd ⅡCT4 的隔爆型电动机、开关、灯具等。2 区可选用防爆型式 Exde ⅡC T4 的电动机、灯具等。

三、亚硝酸乙酯和环氧乙烷的环境

亚硝酸乙酯（$C_2H_5NO_2$）属于 T6 组、ⅡA 级危险气体，环氧乙烷（C_2H_4O）属于 T2 组、ⅡB 级危险气体。稳妥的做法是按高组别、高级别选用，即选用 Exd ⅡB T6 的电动机、灯具等。

四、苯酚树脂粉尘环境

苯酚树脂属于 T11 组、ⅢA 级非导电性危险粉尘，20 区或 21 区选用 DIP A20 或 DIP A21 的设备，22 区选用 DIP A22 或 DIP A21

设备。

五、煤粉环境

煤粉属于 T12 组、ⅢB 级导电性危险粉尘，20 区或 21 区选用 DIP B20 或 DIP B21 的设备，22 区选用 DIP B22 或 DIP B21 设备。

第8章 防爆电气装置安装

第1节 防爆电气设备安装

一、防爆电气设备安装的一般要求

1. 电气设备文件、设备安装和连接说明书、本质安全系统的说明性文件、制造厂声明等资料应齐全；危险区域类别、范围、级别的资料，危险物质组别、级别资料应齐全。

2. 防爆电气设备应有"Ex"标志和标明防爆电气设备的类型、级别、组别的标志的铭牌，并在铭牌上标明国家指定的检验单位发给的防爆合格证号。

3. 电气设备的安装应注意防止外部化学、热、机械等因素可能对设备防爆性能的影响。

4. 为了避免形成危险火花，除本质安全部件外，应防止与裸露带电部件有任何接触。

5. 应将邻近的不带电导体连接成整体，防止由内部原因和外部原因产生危险的电位差。

6. 防爆电气设备宜安装在金属制作的支架上，支架应牢固，有振动的电气设备的固定螺栓应有防松装置。

7. 防爆电气设备接线盒内部接线紧固后，裸露带电部分之间及与金属外壳之间的电气间隙和爬电距离应符合表8—1、表8—2的要求规定。

表8—1中，设备的额定电压可高于表列数值的10%；Ⅰ类有上釉的陶瓷、云母、玻璃等，Ⅱ类有三聚氰胺石棉耐弧塑料、硅有机石棉耐弧塑料等，Ⅲ类有聚四氟乙烯塑料、三聚氰胺玻璃纤维塑料、表面用耐弧漆处理的环氧玻璃布板等。

表 8—1　　增安型、无火花型电气设备的最小电气间隙和爬电距离

额定电压/V	最小电气间隙/mm	最小爬电距离/mm		
		I	II	III
12	2	2	2	2
24	3	3	3	3
36	4	4	4	4
220	6	6	8	10
380	8	8	10	12

表 8—2　　本质安全电路与非本质安全电路裸露
导体之间的电气间隙和爬电距离

额定电压峰值/V	电气间隙/mm	胶封中的间距/mm	爬电距离/mm	有绝缘涂层的爬电距离/mm
60	3	1	3	1
90	4	1.3	4	1.3
190	6	2	8	2.6
375	6	2	10	3.3
550	6	2	15	5

8. 防爆电气设备的进线口与电缆、导线应能可靠地接线和密封，多余的进线口的弹性密封垫和金属垫片应齐全，并应将压紧螺母拧紧使进线口密封。金属垫片的厚度不得小于 2 mm。

9. 塑料制成的透明件或其他部件，不得用溶剂擦洗，可用家用洗涤剂擦洗。

10. 事故排风机的按钮，应单独安装在便于操作的位置，且应有明显标志。

11. 灯具的安装，应符合下列要求：

（1）灯具的种类、型号和功率，应符合设计和产品技术条件的要求，不得随意变更。

（2）螺口灯泡应旋紧，不得松动。

（3）灯具外罩应齐全，螺栓应紧固。

12. 应有完善的短路保护、过载保护、接地故障保护和过电压保护，应有紧急断电装置。

二、隔爆型电气设备安装

隔爆型电气设备在安装前，应检查下列项目：

（1）设备的型号、规格应符合设计要求；铭牌及防爆标志应正确、清晰。

（2）设备的外壳应无裂纹、损伤。

（3）隔爆结构及间隙应符合要求。

（4）接合面的紧固螺栓应齐全，弹簧垫圈等防松设施应齐全完好，弹簧垫圈应压平。

（5）密封衬垫应齐全完好，无老化变形，并符合产品的技术要求。

（6）透明件应光洁无损伤。

（7）运动部件应无碰撞和摩擦。

（8）接线板及绝缘件应无碎裂，接线盒盖应紧固，电气间隙及爬电距离应符合要求。

（9）接地标志及接地螺钉应完好。

隔爆型电气设备不宜拆装。需要拆装时，应符合下列要求：

（1）应妥善保护隔爆面，不得损伤。

（2）隔爆面上不应有砂眼、机械伤痕。

（3）无电镀或磷化层的隔爆面，经清洗后应涂磷化膏、电力复合脂或204号防锈油，严禁刷漆。

（4）组装时隔爆面上不得有锈蚀层。

（5）隔爆接合面的紧固螺栓不得任意更换，弹簧垫圈应齐全。

（6）螺纹隔爆结构，其螺纹的最少啮合扣数和最小啮合深度，不得小于表8—3所列数值。

表8—3　螺纹隔爆结构螺纹的最少啮合扣数和最小啮合深度

外壳净容积 V/cm^3	螺纹最小啮合深度 /mm	螺纹最少啮合扣数	
		ⅡA、ⅡB	ⅡC
$V \leqslant 100$	5.0	6	试验安全扣数的2倍，但至少为6扣
$100 < V \leqslant 2\,000$	9.0		
$V > 2\,000$	12.5		

隔爆型电机的轴与轴孔、风扇与端罩之间在正常工作状态下，不应产生碰撞摩擦。

正常运行时产生火花或电弧的隔爆型电气设备，其电气联锁装置必须可靠；当电源接通时壳盖不能打开，而壳盖打开后电源不应接通。用螺栓紧固的外壳应检查"断电后开盖"警告牌，并应完好。

隔爆型插销的检查和安装，应符合下列要求：

（1）插头插入时接地或接零触头应先接通，插头拔出时主触头应先分断。

（2）开关应在插头插入后才能闭合，开关在分断位置时，插头应插入或拔脱。

（3）防止骤然拔脱的徐动装置，应完好可靠，不得松脱。

隔爆型设备的隔爆结合面离钢架、墙、管道、其他电气设备等固体障碍物之间的距离，ⅡA 级设备一般不应小于 10 mm，ⅡB 级设备一般不应小于 30 mm，ⅡC 级设备一般不应小于 40 mm。结合面应有防腐措施，应能防止水进入结合间隙，不应用使用中变硬的物件进行处理。

电缆引入系统采用符合隔爆型设备标准的，经接线盒或插接装置的间接引入方式，或直接接入主外壳内的直接引入方式，并采用有同等防爆性能的密封措施。

导管系统可采用符合标准的有足够机械强度的钢管、挠性金属管或复合材料管，螺纹不应少于 5 扣，密封件离隔爆外壳的距离不应超过 450 mm，如导管连接的设备改用电缆连接，应加隔爆型转接器。

三、增安型和无火花型电气设备安装

增安型和无火花型电气设备在安装前，应检查下列项目：

（1）设备的型号、规格应符合设计要求；铭牌及防爆标志应正确、清晰。

（2）设备的外壳和透光部分，应无裂纹、损伤。

（3）设备的紧固螺栓应有防松措施，无松动和锈蚀，接线盒盖应紧固。

（4）保护装置及附件应齐全、完好。

滑动轴承的增安型电动机和无火花型电动机应测量其定子与转子间的单边气隙，其气隙值不得小于表8—4中规定值的1.5倍；设有气隙孔的滚动轴承增安型电动机应测量其定子与转子间的单边气隙，其气隙值不得小于表8—4中规定值。

表8—4 　滚动轴承的增安型和无火花型电动机
定子与转子间的最小单边气隙值

极数	$D \leqslant 75/mm$	$75 < D \leqslant 750/mm$	$D > 750/mm$
2	0.25	$0.25 + (D-75)/300$	2.7
4	0.2	$0.2 + (D-75)/500$	1.7
6 及以上	0.2	$0.2 + (D-75)/800$	1.2

注：①D为转子直径。

②变极电动机单边气隙按最少极数计算。

③若铁芯长度L超过直径D的1.75倍，其气隙值按上表计算值乘以$L/1.75 D$。

④径向气隙值需在电动机静止状态下测量。

增安型电动机必须有合格的过载保护，即使在起动困难的条件下，电动机也不允许超过极限温度，应尽量采用软启动装置，在断相的情况下应能及时断开电源，埋入式温度传感器及其保护装置应在电动机上标明。

电缆引入装置应与密封元件装在IP54的端子盒内；每个端子都必须夹紧。

四、本质安全型电气设备及关联线路安装

本质安全型电气设备在安装前，应检查下列项目：

（1）设备的型号、规格应符合设计要求；铭牌及防爆标志应正确、清晰。

（2）外壳应无裂纹、损伤。

（3）本质安全型电气设备、关联电气设备产品铭牌上应有防爆标志、防爆合格证号及有关电气参数。

（4）本质安全型电气设备与关联电气设备的组合，应符合现行国家标准的规定。

（5）电气设备所有零件、元器件及线路应连接可靠，性能良好。

与本质安全型电气设备配套的关联电气设备的型号，必须与本质安全型电气设备铭牌中的关联电气设备的型号相同。关联电气设备中的电源变压器，应符合下列要求：

（1）变压器的铁芯和绕组间的屏蔽，必须有一点可靠接地。

（2）直接与外部供电系统连接的电源变压器其熔断器的额定电流，不应大于变压器的额定电流。

独立供电的本质安全型电气设备的电池型号、规格，应符合其电气设备铭牌中的规定，严禁任意改用其他型号、规格的电池。

本质安全型电气设备与关联电气设备之间的连接导线或电缆的型号、规格和长度，应符合设计规定。

本质安全电路必须与其他电路隔离；本质安全电路与其他电路不应共用同一电缆。

电缆应有足够的耐压强度；如果电缆芯线为多股导线，导线终端应有防松措施。

电缆导体的屏蔽、电缆铠装都必须接地，并做等电位连接。接地用铜导体；用一根导体接地时，芯线截面积不应小于 $4\ mm^2$，用两根及两根以上导体接地时，芯线截面积不应小于 $1.5\ mm^2$。

本质安全型电路应有安全栅。安全栅是由限流元件（金属膜电阻、非线性组件等）、限压元件（二极管、齐纳二极管等）和特殊保护元件（快速熔断器等）组成的可靠性组件。安全栅应可靠接地。本质安全电路应有浪涌电流保护装置。

本质安全电路端子与非本质安全电路端子之间的距离不得小于 50 mm。

本质安全电路的电源变压器的二次电路必须与一次电路之间保持良好的电气隔离。如一次绕组与二次绕组相邻，其间应隔以绝缘板或采取其他防止混线的措施。

本质安全电路应能防止外界电磁场的干扰、防止机械损伤；能看见的本质安全电路应有淡蓝色标志；端子上也应有标志。

本质安全型电气设备配线工程中的导线、钢管、电缆的型号、规格以及配线方式、线路走向和标高、与关联电气设备的连接线等，除必须按设计要求施工外，应符合产品技术文件的有关规定。

本质安全电路关联电路的施工，包括非爆炸危险环境与爆炸危险环境有直接连接的本质安全电路及关联电路的施工，应符合下列要求：

（1）本质安全电路与关联电路不得共用同一电缆或钢管；本质安全电路或关联电路，严禁与其他电路共用同一电缆或钢管。

（2）两个及以上的本质安全电路，除电缆线芯分别屏蔽或采用屏蔽导线者外，不应共用同一电缆或钢管。

（3）配电盘内本质安全电路与关联电路或其他电路的端子之间的间距，不应小于50 mm；当间距不满足要求时，应采用高于端子的绝缘隔板或接地的金属隔板隔离；本质安全电路、关联电路的端子排应采用绝缘的防护罩；本质安全电路、关联电路、其他电路的盘内配线应分开束扎、固定。

（4）所有需要隔离密封的地方，应按规定进行隔离密封。

（5）本质安全电路及关联电路配线中的电缆、钢管、端子板，均应有蓝色的标志。

（6）本质安全电路本身除设计有特殊规定外，不应接地。电缆屏蔽层，应在非爆炸危险环境进行一点接地。

（7）本质安全电路与关联电路采用非铠装和无屏蔽层的电缆时，应采用镀锌钢管加以保护。

当本质安全系统电路的导体与其他非本质安全系统电路的导体接触时，应采取适当预防措施。不应使接触处产生电弧或电流增大、产生静电感应和电磁感应。

五、正压型电气设备安装

正压型电气设备在安装前，应检查下列项目：

1. 设备的型号、规格应符合设计要求；铭牌及防爆标志应正确、清晰。

2. 设备的外壳和透光部分，应无裂纹、损伤。

3. 设备的紧固螺栓应有防松措施，无松动和锈蚀，接线盒盖应紧固。

4. 保护装置及附件应齐全、完好。

5. 密封衬垫应齐全、完好，无老化变形，并应符合产品技术条件的要求。

通风管道应密封良好。管道和连接部分的材料不应受所在环境条件的影响。

进入正压系统及电气设备内的空气或气体应清洁，不得含有爆炸性混合物及其他有害物质。

正压系统的电气联锁装置，应按先通风后供电、先停电后停风的程序正常动作。在电气设备通电启动前，送入外壳内的保护气体的体积不得小于产品技术条件规定的最小换气体积与 5 倍的相连管道容积之和。

微压继电器应装设在风压、气压最低点的出口处。运行中的电气设备及正压系统内的风压、气压值不应低于产品技术条件中规定的最低所需压力值。当低于规定值时，微压继电器应可靠动作，在 1 区应能可靠地切断电源；在 2 区应能可靠地发出警告信号。

保护气体应在非危险区进入管道（充装保护气体除外）；保护气体管道出口应设在非危险区，否则，应采取必要的阻止点燃的措施；供压设备应安装在非危险区。

六、充油型电气设备安装

充油型电气设备在安装前，应检查下列项目：

1. 设备的型号、规格应符合设计要求；铭牌及防爆标志应正确、清晰。

2. 电气设备的外壳，应无裂纹、损伤。

3. 电气设备的油箱、油标不得有裂纹及渗油、漏油缺陷。油面应在油标线范围内。

4. 排油孔、排气孔应通畅，不得有杂物。

充油型设备的倾斜度不得超过 5°。

七、粉尘防爆电气设备安装

粉尘防爆电气设备在安装前，应检查下列项目：

1. 设备的防爆标志、外壳防护等级和温度组别，应与爆炸性粉尘环境相适应。

2. 设备的型号、规格应符合设计要求；铭牌及防爆标志应正确、清晰。

3. 设备的外壳应光滑、无裂纹、无损伤、无凹坑或沟槽，并应有足够的强度。

4. 设备的紧固螺栓，应无松动、锈蚀。

5. 设备的外壳接合面应紧固严密，密封垫圈完好，转动轴与轴孔间的防尘密封应严密，透明件应无裂损。

设备安装应牢固，接线应正确，接触应良好，通风孔道不得堵塞，电气间隙和爬电距离应符合设备的技术要求。

安装时，不得损伤外壳和进线装置的完整及密封性能。

粉尘防爆电气设备安装后，应按产品技术要求做好保护装置的调整和测试操作。

第 2 节 防爆电气线路安装

一、防爆电气线路配线一般要求

1. 电气线路的敷设方式、路径应符合设计标准。标准无明确规定时，应符合下列要求：

（1）电气线路应在爆炸危险性较小的环境或远离释放源的地方敷设，例如，电气线路沿有爆炸危险的建、构筑物的墙外敷设。

（2）当易燃物质比空气重时，电气线路应在较高处敷设或直接埋地敷设；架空敷设时宜采用电缆桥架，电缆沟敷设时沟内应充砂并宜设置排水措施。

（3）当易燃物质比空气轻时，电气线路宜在较低处或电缆沟敷设。

（4）当电气线路沿输送可燃气体或易燃液体的管道栈桥敷设时，管道内的易燃物质比空气重时，电气线路应敷设在管道的上方；管道内的易燃物质比空气轻时，电气线路应敷设在管道的正下方的两侧。

2. 敷设电气线路时宜避开可能受到机械损伤、振动、腐蚀以及可能受热的地方；当不能避开时，应采取预防措施。

3. 爆炸危险环境内采用的低电压电缆和绝缘导线，其额定电压必须高于线路的工作电压，且不得低于 500 V，绝缘导线必须敷设于钢管内。

工作中性线绝缘层的额定电压，应与相线电压相同，并应在同一护套或钢管内敷设。

4. 电气线路使用的接线盒、分线盒、活接头、隔离密封件等连接件的选型，应符合现行国家标准的规定。

5. 导线或电缆的连接，应采用有防松措施的螺栓固定，或压接、钎焊、熔焊，但不得缠接。铝芯与电气设备的连接，应有可靠的铜—铝过渡接头等措施。

6. 爆炸危险环境除本质安全电路外，采用的电缆或绝缘导线，其铜、铝线芯最小截面应符合表 8—5 的要求。表中符号"×"表示不适用。

表 8—5　爆炸危险环境电缆和绝缘导线线芯的最小截面积

爆炸危险环境	线芯最小截面积（mm^2）					
	铜			铝		
	电力	控制	照明	电力	控制	照明
1 区	2.5	2.5	2.5	×	×	×
2 区	1.5	1.5	1.5	4	×	2.5
10 区	2.5	2.5	2.5	×	×	×
11 区	1.5	1.5	1.5	2.5	2.5	2.5

7. 10 kV 及以下架空线路严禁跨越爆炸性气体环境；架空线路与爆炸性气体环境的水平距离，不应小于杆塔高度的 1.5 倍。当在水平距离小于规定而无法躲开的特殊情况下，必须采取有效的保护措施。

二、爆炸危险环境内的电缆配线

1. 电缆间不应直接连接，而必须在相应的防爆接线盒或分线盒内连接或分路。

2. 电缆线路穿过不同危险区域或界壁时，必须采取下列隔离密封措施：

（1）在两级区域交界处的电缆沟内，应采取充砂、填阻火堵料或加设防火隔墙。

（2）电缆通过与相邻区域共用的隔墙、楼板、地面及易受机械损伤处，均应加以保护，孔洞应严密堵塞。

（3）保护管两端的管口处，应将电缆周围用非燃性纤维严密堵塞，再填塞密封胶泥，密封胶泥填塞深度不得小于管子内径，且不得小于 40 mm。

3. 防爆电气设备、接线盒的进线口，引入电缆后的密封应符合下列要求：

（1）当电缆外护套必须穿过弹性密封圈或密封填料时，必须被弹性密封圈挤紧或被密封填料封固。

（2）外径等于或大于 20 mm 的电缆，在隔离密封处组装防止电缆拔脱的组件时，应在电缆被拧紧或封固后，再拧紧固定电缆的螺栓。

（3）电缆引入装置或设备进线口的密封的要求是：装置内的弹性密封圈的一个孔，应密封一根电缆；被密封的电缆断面，应近似圆形；弹性密封圈及金属垫，应与电缆的外径匹配；其密封圈内径与电缆外径允许差值为 ±1 mm；弹性密封圈压紧后，应能将电缆沿圆周均匀地挤紧。

（4）有电缆头腔或密封盒的电气设备进线口，电缆引入后应浇灌固化的密封填料，填塞深度不应小于引入口径的 1.5 倍，且不得小于 40 mm。

（5）电缆与电气设备连接时，应选用与电缆外径相适应的引入装置，当选用的电气设备的引入装置与电缆的外径不相适应时，应采用过渡接线方式，电缆与过渡线必须在相应的防爆接线盒内连接。

4. 电缆配线引入防爆电动机需挠性连接时，可采用挠性连接管，其与防爆电动机接线盒之间，应按防爆要求加以配合，不同的使用环境条件应采用不同材质的挠性连接管。

5. 电缆采用金属密封环式引入时，贯通引入装置的电缆表面，应清洁干燥；对涂有防腐层的，应清除干净后再敷设。

6．在室外和易进水的地方，与设备引入装置相连接的电缆保护管的管口，应严密封堵。

三、爆炸危险环境内的钢管配线

1．配线钢管，应采用低压流体输送用镀锌焊接钢管。

2．钢管与钢管、钢管与电气设备、钢管与钢管附件之间，应采用螺纹连接。不得采用套管焊接，并应符合下列要求：

（1）螺纹加工应光滑、完整、无锈蚀，在螺纹上应涂以电力复合脂或导电性防锈脂，不得在螺纹上缠麻或绝缘胶带及涂其他油漆。

（2）在爆炸性气体环境1区和2区，管径25 mm及以下者螺纹有效啮合扣数不应少于5扣、管径为32 mm及以上者不应少于6扣。

（3）在爆炸性气体环境1区或2区与隔爆型设备连接时，螺纹连接处应有锁紧螺母。

（4）在爆炸性粉尘环境21区和22区，螺纹有效啮合扣数不应少于5扣。

（5）外露丝扣不应过长。

（6）除设计有特殊规定外，连接处可不焊接金属跨接线。

3．电气管路之间不得采用倒扣连接；当连接有困难时，应采用防爆活接头，其接合面应密贴。

4．爆炸性气体环境1区、2区和爆炸性粉尘环境21区的钢管配线，在下列各处应装设不同型式的隔离密封件：

（1）电气设备无密封装置的进线口。

（2）管路通过与其他任何场所相邻的隔墙时，应在隔墙的任一侧装设横向式隔离密封件。

（3）管路通过楼板或地面引入其他场所时，均应在楼板或地面的上方装设纵向式密封件。

（4）管径为50 mm及以上的管路在距引入的接线箱450 mm以内及每距15 m处，应装设一隔离密封件。

（5）易积结冷凝水的管路，应在其垂直段的下方装设排水式隔离密封件，排水口应置于下方。

5. 隔离密封的制作，应符合下列要求：

（1）隔离密封件的内壁，应无锈蚀、灰尘、油渍。

（2）导线在密封件内不得有接头，且导线之间及与密封件壁之间的距离应均匀。

（3）管路通过墙、楼板或地面时，密封件与墙面、楼板或地面的距离不应超过 300 mm，且此段管路中不得有接头，并应将孔洞堵塞严密。

（4）密封件内必须填充水凝性粉剂密封填料。

（5）密封填料的配制应符合产品的技术规定，粉剂密封填料的包装必须密封；浇灌时间严禁超过其初凝时间并应一次灌足；凝固后其表面应无龟裂；排水式隔离密封件填充后的表面应光滑并可自行排水。

6. 钢管配线应在下列各处装设防爆挠性连接管：

（1）电动机的进线口。

（2）钢管与电气设备直接连接有困难处。

（3）管路通过建筑物的伸缩缝、沉降缝处。

7. 防爆挠性连接管应无裂纹、孔洞、机械损伤、变形等缺陷；其安装时应符合下列要求：

（1）在不同的使用环境条件下，应采用相应材质的挠性连接管。

（2）弯曲半径不应小于管外径的 5 倍。

8. 电气设备、接线盒和端子箱上多余的孔，应采用丝堵堵塞严密；当孔内垫有弹性密封圈时，则弹性密封圈的外侧应设钢质堵板，其厚度不应小于 2 mm，钢质堵板应经压盘或螺母压紧。

第 3 节 火灾危险环境电气装置的安装

一、火灾危险环境电气设备的安装

火灾危险环境所采用的电气设备类型，应符合设计的要求。

装有电气设备的箱、盒等，应采用金属制品；电气开关和正常运行产生火花或外壳表面温度较高的电气设备，应远离可燃物质的存放地点，其最小距离不应小于 3 m。

在火灾危险环境内，不宜使用电热器。当生产要求必须使用电热器时，应将其安装在非燃材料的底板上，并应装设防护罩。

移动式和携带式照明灯具的玻璃罩，应采用金属网保护。

露天安装的变压器或配电装置的外廓距火灾危险环境建筑物的外墙，不宜小于 10 m。当小于 10 m 时，应符合下列要求：

1. 火灾危险环境建筑物靠变压器或配电装置一侧的墙，应为非燃烧性。

2. 在高出变压器或配电装置高度 3 m 的水平线以上或距变压器、配电装置外廓 3 m 以外的墙壁上，可安装非燃烧的镶有铁丝的固定玻璃窗。

二、电气线路安装

在火灾危险环境内的电力、照明线路的绝缘导线和电缆的额定电压，不应低于线路的额定电压，且不得低于 500 V。

1 kV 及以下的电气线路，可采用非铠装电缆或钢管配线；在火灾危险环境 21 区或 23 区内，可采用硬塑料管配线；在火灾危险环境 23 区内，远离可燃物质时，可采用绝缘导线在针式或鼓型瓷绝缘子上敷设。但在沿未抹灰的木质吊顶和木质墙壁等处及木质闷顶内的电气线路，应穿钢管明敷，不得采用瓷夹、瓷瓶配线。

在火灾危险环境内，当采用铝芯绝缘导线和电缆时，应有可靠的连接和封端。

在火灾危险环境 21 区或 22 区内，电动起重机不应采用滑触线供电；在火灾危险环境 23 区内，电动起重机可采用滑触线供电，但在滑触线下方，不应堆置可燃物质。

移动式和携带式电气设备的线路，应采用移动电缆或橡套软线。

在火灾危险环境内安装裸铜、裸铝母线，应符合下列要求：

1. 不需拆卸检修的母线连接宜采用熔焊。

2. 螺栓连接应可靠，并应有防松装置。

3. 在火灾危险环境 21 区和 23 区内的母线宜装设金属网保护罩，其网孔直径不应大于 12 mm。在火灾危险环境 22 区内的母线应有

IP5 X 型结构的外罩，并应符合现行国家标准《外壳防护等级的分类》中的有关规定。

电缆引入电气设备或接线盒内，其进线口处应密封。

钢管与电气设备或接线盒的连接，应符合下列要求：

1. 螺纹连接的进线口，应啮合紧密；非螺纹连接的进线口，钢管引入后应装设锁紧螺母。

2. 与电动机及有振动的电气设备连接时，应装设金属挠性连接管。

10 kV 及以下架空线路，严禁跨越火灾危险环境；架空线路与火灾危险环境的水平距离，不应小于杆塔高度的 1.5 倍。

第9章　防爆电气设备检查和维护操作

第1节　防爆电气设备日常检查

一、防爆电气设备检查、维护的一般要求

防爆电气设备的检查、维护与普通电气设备很多地方是相同的，但也有防爆专业的特点。防爆电气设备检查、维护的一般要求是：

1. 建立防爆电气设备检查、维护制度和细则。

2. 检查、维护人员应具备防爆专业检查的资质。

3. 防爆电气设备技术档案及检修记录齐全。

4. 检查、维护的周期和内容按现场条件确定，并符合设备生产厂家相关文件的要求。

5. 设备的防爆合格证必须有设备名称、防爆性能、检查员姓名、检查时间等项目。

6. 经检查确认设备防爆性能完好者，填写新的防爆合格证；防爆性能不合格者，在外壳明显处用红漆写上"失爆"二字。

7. 搬运防爆设备应防止碰撞、摔打。

8. 打开防爆型电气设备前，应断开包括中性线在内的所有电源，实现完全隔离，并能防止意外送电。

9. 检查、维护过程中不得损坏密封件，防止有害物进入设备内部。

二、检查内容

1. 防爆电气设备及其周围环境是否清洁，有无妨碍设备运行的杂物。

2. 防爆电气设备固定是否牢固，设备外壳是否完好，各部螺钉有无松动，有无腐蚀痕迹。

3. 防爆电气设备的进线装置是否牢固，密封（含多余的进线口）是否完好，接线有无松动。

4. 防爆电气设备接地线是否完好，有无腐蚀、松脱等现象，铠装电缆的外绕钢带有无损坏。

5. 防爆电气设备上的联锁装置是否可靠。

6. 场所内的临时线路、临时性设备是否符合防爆要求。

7. 防爆电气设备运行是否正常，电流、电压、压力、温度等运行参数是否在允许范围内。

8. 接线盒、进线装置、隔离密封盒、挠性连接管等是否符合防爆要求。

9. 电动机、电器、仪表以及设备本体的外壳腐蚀是否严重，紧固螺钉的防松装置、联锁装置是否完好。

10. 充油型防爆设备油面是否低于油面线，油面指示器、排油装置及气体泄放孔是否畅通、有无漏油、渗油。

11. 正压型防爆设备气源、风压是否符合要求，压力报警系统是否可靠。

12. 电缆或钢管配线有无松动、脱落、损坏、腐蚀等现象。

13. 接地连接是否可靠，接地设置是否严重锈蚀，接地电阻是否合格。

第2节　防爆电气设备失爆检查

防爆电气设备的防爆性能受到破坏称为失爆。

一、隔爆外壳

隔爆外壳应清洁、完好，标志应清晰。有下列情况之一者即为失爆：

1. 外壳有裂纹、开焊、明显变形现象。

2. 使用未经国家指定的防爆检验单位发证厂家生产的防爆部件。

3. 防爆外壳内、外有厚度超过 0.2 mm 的锈皮脱落。

4. 闭锁装置失效。

5. 观察窗口透明板松动、破裂或使用普通玻璃。

6. 隔爆腔连通或接线盒内无绝缘座。

7. 电气间隙或爬电距离不够。

二、隔爆结合面

隔爆外壳应光洁、完整，有防锈措施。有下列情况之一者即为失爆：

1. 平面、圆筒隔爆结合面的有效长度、直径差、光洁度不符合设计要求。

2. 电动机轴与轴孔的间隙超过设计值、电动机接线盒无盖或反盖。

3. 螺纹隔爆结缺螺栓或弹簧垫、弹簧垫松动或未压平。

三、电缆引入装置

电缆引入装置有下列情况之一者即为失爆：

1. 电缆引入装置缺密封圈或挡板、密封圈松动。

2. 密封圈内径大于电缆外径 1 mm 或密封圈外径过小。

3. 密封圈的单孔穿入多根电缆或一个进线嘴内有多个密封圈。

4. 切开密封圈套在电缆上，密封圈没有完全套在电缆上，或密封圈与电缆间有其他包扎物。

四、接线

有下列情况之一者即为失爆：

1. 防爆配线的橡套电缆露出芯线或屏蔽层，橡套电缆有较大伤痕。

2. 开关进出线混淆。

3. 可以顺电缆方向推进电缆或可以用手晃动线嘴。

4. 密封圈直接套在铠装电缆的铅皮上，电缆头绝缘胶龟裂。

五、插座和灯具

隔爆插座接线错误或无防拉脱装置即为失爆。防爆灯具为非压口的螺口灯具或灯罩无联锁装置即为失爆。

第3节 防爆电气设备维护

除清扫、擦拭、紧固安装件和连接件、查对附件等常规维护外，对于检查中发现的失爆以外的问题应按专业标准进行维修。例如，密封圈宽度应大于电缆外径的十分之七，且至少应大于 10 mm；密封圈厚度应大于电缆外径的十分之三，且至少应大于 4 mm。密封圈外径与进出线装置内径之间的间隙不应大于表 9—1 所列数值。

表 9—1　　　　　密封圈外径与进出线装置内径的间隙

密封圈外径 d/mm	最大间隙/mm
$d \leqslant 20$	$\leqslant 1.0$
$20 < d \leqslant 60$	$\leqslant 1.5$
$d > 60$	$\leqslant 2.0$

第10章　防爆电气设备检修

第1节　防爆电气设备检修的通用要求

防爆电气设备因外力损伤、大气锈蚀、化学腐蚀、机械磨损、自然老化等原因导致防爆性能下降或失效时，应予检修。检修后的电气设备，防爆性能不得低于原设计水平。

一、对修理单位的要求

修理单位应该熟悉与检修工作有关的国家法规和标准；应具备进行修理的装备以及必要的检查和试验装置；应具备防爆电气设备的安装能力。

二、对制造厂的要求

除合格证外，制造厂还应提供设备使用方面必需的信息，如设备结构特点、试验资料、使用条件等。

制造厂应提供关于设备检修的其他文件，包括：

1. 图样。
2. 技术规范。
3. 设备性能和使用条件。
4. 拆卸和组装说明。
5. 限定条件。
6. 标志。
7. 推荐的检修方法。
8. 备件目录。

三、对用户的要求

用户应了解修理单位是否符合标准规定的条件，特别是与修理工作直接有关的加工设备和人员素质方面的条件。

如果用户自己承担设备修理工作，则应了解有关的法规和标准。

用户宜将产品合格证及其他文件作为原购货合同的一部分。用户应保存以往的检修或改造的记录，并且提供给修理单位参考。

修理完毕的设备重新试运行前，应该检查电缆或导管引入系统，以保证它们完好并且符合设备的防爆类型的要求。

四、对修理工作的要求

1. 修理人员

修理人员应了解与设备检修有关的防爆标准和合格证的要求。

修理人员应接受专业培训。培训包括下列内容：

（1）防爆电气设备的一般原理和防爆标志识别。

（2）各种防爆电气设备的特征及性能。

（3）防爆电气设备标准和使用说明书。

（4）防爆电气设备上允许更换的零部件。

（5）修理技术。

（6）检验技术。

2. 检验

检验工作由修理单位的检验部门进行，但改造的电气设备样机须送防爆检验单位检验。

检验部门应检验经修理后的设备是否符合图样、有关标准的规定。

修理后的设备除应进行电气绝缘强度试验及绝缘电阻的测量外，还应进行相应防爆型式检修补充要求中规定的试验。其绝缘试验的试验电压值可为标准耐压值的80%，但更换的绝缘件（含电动机绕组）应为标准耐压值的100%。

3. 文件

设备修理前，修理人员可从制造厂或用户处查询必要的信息和数据资料，包括以前进行的修理或改造的信息以及依据的有关防爆标准。

修理单位应向用户提供下列文件：

（1）故障检查情况。

（2）检修工作的情况说明。

（3）更换、修复部件的目录。

（4）改造说明、电气原理图。

（5）所有检查和试验结果。

（6）修理合格证。

4. 备件

推荐从制造厂获得新的零件，修理者应保证使用的备件与被修理的防爆电气设备相适应。

设备的标准和防爆性能要求的密封件只能用备件清单上规定的特殊零件更换。

5. 标志

设备修理完毕后，应保存修理工作的详细记录。对于影响电气设备防爆性能的修理，在设备上设置鉴别修理或大修以及修理单位的标志。标志的内容有：

（1）有关符号

设备安全符合标准规定也符合合格证文件要求时采用如图 10—1a 所示标志，设备安全符合标准规定，但不符合合格证文件的要求时采用如图 10—1b 所示标志。

（2）标准代号 GB 3836.13—1997。

（3）修理合格证编号。

（4）修理单位名称。

（5）修理日期等。

标志可以加在单设的标志牌上。标志牌应加设在设备的主要部件上。标志牌必须清晰、耐久，并且耐化学腐蚀。标志牌一般为金属材料，永久地固定在修理过的设备上。

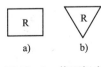

a)   b)

图 10—1 修理标志

在下列某些情况下，有必要修改或去掉原标志牌，或者增加补充标志牌：

（1）如果修理、大修或改造后，被改动的设备已不再符合标准和合格证的规定，应将合格证的标志牌去掉（已取得补充合格证的除外）。

（2）如果电气设备在修理或大修中被改动，它仍然符合标准但未必符合合格证文件的规定，则保留原合格证标志牌，并做图10—1b所示的标志。

（3）再次修理后可以将前一次的修理标志牌去掉。

6. 修理合格证

修理合格的电气设备，由修理单位的检验部门颁发修理合格证。修理合格证至少应包括被修电气设备的名称、型号、规格、防爆标志、修理厂名及其认可证编号、修理合格证编号、日期等。

7. 质量保证

修理单位应有健全的质量管理体系和规章制度。

五、修复和改造

1. 修复

凡影响防爆性能者应进行修复。

（1）修复限制

下列零件不允许修复，应更换新件：

1）由玻璃、塑料或其他尺寸不稳定的材料制成的零件。

2）紧固件。

3）制造厂说明不能进行修复的零件，如浇封组件。

（2）修复要求

修复工作应该由经过培训并熟习该工艺的人员进行。如果采用某些专利工艺方法时，应按专利说明书进行。

全部修复情况应该记录，并保留记录，记录应包括：

1）零部件的标记。

2）修复方法。

3）与合格证文件中的尺寸或零件的原始尺寸不同的尺寸的详细情况。

4）日期。

5）进行修复的单位名称。

如果某种修复方法能导致与防爆性能有关的尺寸与合格证文件中规定的尺寸不一致，则只有变化了的尺寸仍然符合有关防爆标准的规定，这种方法才是允许使用的。

当采用的修复方法对防爆安全的影响有疑问时，应该询问制造厂或防爆检验单位。

（3）修复方法

1）所采用的修复方法应遵守相应专业标准要求。

2）金属喷涂

被修复零件喷涂前的加工不得削弱其机械强度；对于某些高速和大直径的零件不宜采用金属喷涂法。

3）电镀法

被修零件应有足够的机械强度。

4）安装套筒法

被修零件经过机加工仍有足够的机械强度。

5）硬钎焊或熔焊法

钎焊工艺应能保证焊料与母体适当渗透和熔接，而且经时效处理后能防止变形，能消除压力，且不得有气泡。

6）金属压合法

对于有相当厚度的铸件，可采用镍合金填塞缝隙后压合密实的技术进行冷修复。

7）旋转电动机定、转子铁芯机加工方法

旋转电动机的定、转子铁芯，不应任意机加工，以防止增大它们之间的间隙后带来的不利后果。

8）紧固件的螺孔

紧固件的螺孔中的螺纹损坏时可以修复，根据不同防爆型式，采用的方法有：加大钻孔尺寸，重新攻螺纹；加大钻孔尺寸，堵住，重新钻孔，重新攻螺纹（不包括隔爆面上的螺孔）；堵死螺孔，在另外位置重新钻孔并攻螺纹（不包括隔爆面上的螺孔）；焊死螺孔，重新钻孔并攻螺纹。

9）重新机加工方法

允许磨损或损坏的表面重新机加工的条件是：保证零件的机械强度、保持外壳的整体性、达到要求的表面粗糙度。

10）拆除损坏的绕组

拆除损坏的绕组，可采用溶剂软化绕组浸渍漆的方法。当采用加热法拆除绕组时，注意不要破坏硅钢片间的绝缘层。对于增安型设备和温度组别为 T5、T6 的设备，尽量不做这项修理。

2. 改造

对电气设备进行改造时，应制定改造技术文件和图样，并送防爆检验单位审查。对已取得防爆合格证的电气设备改造时，尽量不改造其防爆结构。

用户与修理单位商定的改造，涉及与设备的合格证文件和有关防爆标准不符时，除应在文件及说明书中说明外，且应去掉设备上原来的防爆铭牌和防爆标志。

3. 临时修理

如果防爆安全能够保证，允许进行临时修理使设备在短期内继续运行。对临时修理的设备应该尽快实施满足标准的修理。

第 2 节　防爆电气设备检修的补充要求

各类防爆型电气设备的修理、大修、修复和改造应参考设备制造标准。

一、隔爆型电气设备

1. 检修

（1）外壳

只有在不改变外壳原来状态的条件下，外壳及其零部件允许修理。

检修用零部件一般应向制造厂购买。自制时，须用符合制造标准的相同材料。检修外壳还应注意以下问题：

1）被检修零部件为外壳的隔爆零部件时，检修后隔爆接合面长度、接合面间隙或直径差、表面粗糙度等均须符合 GB 3836.2—2010 和合格证文件的规定。

2）隔爆接合面上未设衬垫时，可以用润滑脂、不凝固的密封胶加以保护。

3）隔爆接合面中不计入隔爆面路径的密封垫的替换件，必须与原件的材料、尺寸都相同。任何改变必须征得制造厂、用户或防爆检验单位认可。

4）在外壳上钻孔属于改造，未经制造厂和防爆检验单位同意不得进行。

5）被修零部件为隔爆外壳的一部分，修理（包括整形）后，可能影响其外壳机械强度时，须承受制造标准规定的水压试验。

6）被修后的金属零件须按 GB 3836.1—2010 的有关规定涂耐弧漆。

7）改变电动机外表面的粗糙度、涂覆等应考虑对电动机表面温度和温度组别的影响。

8）经过检修的旋转电动机，必须确保其风罩孔不被堵塞和损坏，风扇与风罩间的间隙须符合 GB 3836.1—2010 的有关规定。

9）损坏的风扇和风扇罩更新时，替换件应该从制造厂获取。如果不可能，应该用与原件尺寸相同并且至少同质量的零件更换。在某些情况下，还应考虑设备标准关于防止产生摩擦火花和静电的规定，以及化学环境的要求。

（2）电缆和导管引入装置

引入装置零件损坏时，须用相同材料、相同结构的零件替换。引入装置修理后，不得改变原设备引入方式，且须符合 GB 3836.1—2010、GB 3836.2—2010 的有关规定。

（3）连接件

重装的连接件的性能须不低于原装件。重装的连接件及其与外壳的隔爆接合面长度、直径差应符合 GB 3836.2—2010 的有关规定。连接件应具有防爆检验单位颁发的合格证书或文件。重装的连接件，其电气间隙和爬电距离须符合 GB 3836.3—2010 的有关规定。

（4）绝缘

可以使用与原绝缘等级相同或更高的绝缘材料，例如，可以用 F 级绝缘材料代替 E 级绝缘材料。使用更高等级的绝缘材料，未经防爆检验单位认可，不允许提高设备额定值。

（5）内部导线连接

内部导线连接的修理，应不低于原设计标准。

（6）绕组

绕组允许从制造厂购买或仿绕。仿绕绕组的导电材料及尺寸、绝缘结构等须与原绕组相同。因绝缘材料等级提高而要求提高设备额定值时，须经防爆检验单位认可。

修理焊接笼型转子时，其导条和端环须用与原转子相同的材料，且须使导条紧密地插入转子铁芯槽中。

检修后的绕组应进行直流电阻、绝缘电阻、耐压强度、空载电流等试验。对绕组的改造，必要时应按有关标准进行全部型式试验。

绕组有测温元件时，测温元件须与绕组同时嵌入铁芯槽中。

（7）透明件

不允许对透明件重新胶粘或修理，只允许用原制造厂规定的配件替换。禁止用溶剂擦洗塑料透明件，可以用家庭用清洁剂擦洗。

（8）浇封件

一般情况下，浇封件不宜进行修理。

（9）蓄电池

在使用蓄电池的场合，应遵守制造厂的规定。

（10）灯泡、灯座和镇流器

应该使用制造厂规定的灯泡类型更换，其最大功率不能超过灯具允许的数值。

灯座应该用制造厂规定的配件更换。

镇流器允许用相同或类似型号和容量的配件替换。改变镇流方式时，须经防爆检验单位认可。

2. 修复

(1) 外壳

外壳允许局部补焊。补焊后，应消除因补焊造成的应力，且须能承受规定的水压试验。处理好隔爆接合面是外壳修复的主要问题。处理隔爆接合面应注意以下七方面的问题：

1）在规定接合面长度 L 及螺孔边缘至隔爆面边缘的最小有效长度 L_1 范围内，如发现以下缺陷，可不修复，但不能作为新产品的验收依据：

A. 局部出现的直径不大于 1.0 mm、深度不大于 1.0 mm 的砂眼，在长度 L 为 40.0 mm 和 25.0 mm 的隔爆面上，每平方厘米不超过 3 个；长度 L 为 12.5 mm 的隔爆面上每平方厘米不超过 2 个。

B. 偶然机械伤痕，其宽度和深度均不超过 0.5 mm，其剩余无伤隔爆面有效长度 L' 不小于规定长度上的 2/3，但伤痕两侧高于无伤表面的凸起部分必须磨平。

2）静止隔爆接合面，在 L 和 L_1 的范围内，具有一段连续无伤隔爆面的有效长度 L' 不小于表 10—1 的规定时，允许用修补法修复。

表 10—1　　　　允许修复连续无伤隔爆面有效长度/mm

L 或 L_1	40.0	25.0	15.0	12.5	8.0
L'	20.0	13.0	8.0	5.0	5.0

无伤隔爆面的有效长度可以几段相加，计算方法如图 10—2 所示。

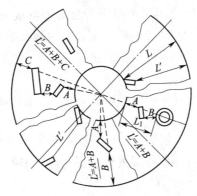

图 10—2　无伤隔爆面有效长度计算示例

3）有下列情况之一者，不允许用修补方法修复：

A. 螺孔周围 5.0 mm 范围内的缺陷。

B. L 或 L_1 为 6.0 mm 范围内的缺陷。

C. 隔爆面的边角处。

D. 活动隔爆接合面。

E. 隔爆面有疏松现象的铸件。

F. 隔爆面上有裂纹。

4）修补方法有熔焊、硬钎焊、胶粘剂调入金属粉粘补等。

5）隔爆面严重损伤或锈蚀可以用机械加工方法修复，但机械加工后零部件的机械强度和隔爆接合面参数仍须符合 GB 3836.2—2010 和合格证文件的规定。

6）止口和圆筒隔爆接合面允许对外圆进行机械加工，并对内圆增添金属进行机械加工，应保证隔爆接合面参数符合 GB 3836.2—2010 和合格证文件的规定。如果只有局部损坏，可通过增添金属和重新机械加工恢复到原来尺寸。允许用焊接、电镀和镶套，但不宜采用金属喷涂法。

7）螺纹隔爆接合面，电缆和导管引入装置的压紧螺母不允许修复，需用新部件更换；盖和壳体之间的螺纹隔爆接合面不允许修复。

外壳修复中，紧固件螺孔扩孔时，必须保证隔爆接合面有效长度 L_1、螺孔周边厚度不小于 3.0 mm。

（2）轴和轴套

轴和轴套隔爆接合面因磨损不符合隔爆要求允许修复。修复后，须符合 GB 3836.2—2010 的隔爆要求和正常运行的机械强度要求。轴颈允许用电镀、熔焊和金属喷涂法修复。

（3）滑动轴承

滑动轴承表面可以采用电镀或金属喷涂法进行修复。

（4）转子和定子

允许采用刮削方法消除定子内表面和转子外表面的轻微损坏。但采用这种方法修复后，设备温度组别仍应符合 GB 3836.1—2010 的有关规定。

严重损坏的定子表面修复后，须测定设备表面温度，以确保设备的温度组别符合 GB 3836.1—2010 的有关规定。

(5) 机械联锁

允许用整形、熔焊、硬钎焊等方法修复，以保证符合 GB 3836.1—2010 的有关规定。

3. 改造

凡对隔爆型电气设备进行改造，须备改造说明、改造技术条件、改造图样，并向防爆检验单位提出申请，经审查认可后，方可进行。

(1) 外壳

允许对隔爆外壳作局部改造，如增加按钮、增加接线端子、增设引入装置等。这种改造须分别符合 GB 3836.1—2010、GB 3836.2—2010、GB 3836.3—2010 和 GB 3836.4—2010 的有关规定。

(2) 绕组

若电动机绕组按另一种电压或转速重新绕制时，须保证电动机的电性能和热性能符合 GB 3836.1—2010 和有关标准的规定，铭牌改标新的参数。

重新绕制的绕组须承受规定的有关试验。

(3) 辅助设备

在需要增加辅助设备的情况下，例如增加防潮加热器或温度传感器，应经制造厂同意和防爆检验单位认可。

(4) 开关装置

1) 电磁启动器　电磁启动器的空气接触器允许用真空接触器替换；馈电开关和高压配电装置的空气断路器和油断路器允许用真空断路器替换，但须承受审查认可的改造技术条件规定的有关试验。

2) 本质安全操作电路　在已取得防爆合格证的电磁启动器中，允许增设本质安全远控电路，但须承受审查认可的改造技术条件规定的有关试验。

3) 电动机综合保护器　在已取得防爆合格证的电磁启动器中，允许增设电动机综合保护器，但须承受审查认可的改造技术条件规定的有关试验。

4. 试验

修理（检修、修复、改造）技术文件规定的其他验收项目按有关标准进行试验。

（1）电气性能试验

修理后的电气设备的电气性能试验按有关标准的规定进行。

（2）防爆性能试验

修理后的电气设备的防爆性能试验按 GB 3836.1—2010 和 GB 3836.2—2010 的规定进行，其水压试验的试验压力须符合表10—2 的规定。

表10—2 水压试验压力值

外壳容积 V/cm^3		$V \leqslant 500$	$500 < V \leqslant 2\ 000$	$2\ 000 < V$
试验压力/MPa	I	0.35	0.60	0.80
	ⅠA、ⅡB	0.60	0.80	1.00
	ⅡC	1.50		

（3）电动机更换绕组后的试验

电动机更换绕组后，须按产品标准进行下列试验：

1）在室温下测量每一绕组的电阻，并与制造厂的数据相比较。对三相绕组，相电阻或线电阻应平衡，其公差值符合有关规定。

2）测量绕组对地、绕组间（必要时）的绝缘电阻，应符合相应产品标准的规定。

3）绕组对地、相间（必要时）按相应产品标准的规定进行绝缘耐压试验。

4）在额定电压和额定频率下测量空载电流，并与制造厂的数据相比较，对三相系统，相间应保持平衡，其公差应符合相应产品标准的规定。

5）电动机以额定速度运转，如有不适当的噪声和（或）振动，应分析其原因并校正。

6）笼型电动机的定子绕组，应在降低电压情况下进行堵转试验，并达到额定电流，检查各相是否平衡。

7）对绕组的改造，必要时应按有关标准进行全部型式试验，至少进行上述试验。

二、本质安全型电气设备

1. 检修

本安电气设备和关联设备的外壳、电缆引入装置在修理后不得降低其防护等级。

当修理接线端子盒时，其替换件应与原接线端子盒相同；如与原接线端子盒不相同时，应满足接线端子的电气间隙、爬电距离以及本安电路端子与非本安电路端子之间的隔离要求。

当必须采用焊接技术进行修理时，应保证不降低合格证文件规定的要求，例如：采用机器焊或手焊对连接强度余量要求；与焊点焊珠以及是否涂覆有关的爬电距离要求。

熔断器损坏后，其替换件的型号、规格应与原熔断器相同。如替换的型号、规格与原熔断器不相同时，则应满足额定值相同或更小、在相同或更高电压下的预期电流额定值相同或更大、结构形式相同、外形尺寸相同的要求。

继电器损坏后，替换件必须从原电气设备制造厂获得，其电气参数和结构应与原继电器相同。

整体浇封的二极管安全栅损坏后，替换件的防爆等级、电气参数必须与原二极管安全栅相同，其电气间隙、爬电距离和间距应符合 GB 3836.4—2010中的有关规定。

更换印制电路板上的元器件（如焊接等）时，应保证其电气间隙、爬电距离符合 GB 3836.4—2010 的有关规定。印制电路板修理后如绝缘漆受到损坏则应涂覆二层以上绝缘漆。

光耦合器损坏后，其替换件的型号、电气参数应与原光耦合器相同或等效。替换件的电气间隙、爬电距离应符合 GB 3836.4—2010 中的有关规定。

扼流圈、压电器件、电容器、限流电阻、变压器等电气元件损坏后，其替换件的电气参数与型号应与原压电器件相同。扼流圈、变压器替换件必须从原电气设备制造厂获得。

半导体器件损坏后，其替换件的电气参数及型号应与原半导体器件相同或等效。某些特殊半导体器件，如齐纳二极管必须特殊筛选，替换件一般应从电气设备制造厂获得。

更换电池时，其替换件的型号应与原电气设备制造厂产品使用说明书规定的电池相同。整体浇封的电池组件，则应整体更换。

导线之间的距离以及布线都应符合 GB 3836.4—2010 的有关规定。如导线位置发生变化，并对防爆安全性能有影响时，应重新恢复到原始位置。如果导线绝缘、屏蔽、外套和固定的结构损坏，则应选用合适导线替换并按相同结构重新固定。

浇封部件损坏后，替换件必须从原电气设备制造厂获得，其电气参数、结构应与原浇封部件相同。

电气设备的非电气部件，如配件或观察窗等，它们不影响电路、电气间隙和爬电距离，也不影响本安防爆性能，则替换件可用相同的新部件。

2. 修复

凡与本安防爆安全性能有关的元器件不得进行修复。

3. 改造

凡影响电气设备本安防爆性能的改造，应按原电气设备制造厂和（或）防爆检验单位的有关要求进行。

电气设备改造后，应首先检查其是否符合本安系统要求，然后才能安装使用。

4. 试验

本安电气设备和关联电气设备修理后，在本安电路端子与外壳之间应承受 50 ~ 60 Hz、500 V、历时 1 min 的耐压试验。外壳为绝缘材料者或电路一端子与外壳连接者可不进行耐压试验。

三、正压型电气设备

1. 检修

（1）外壳

一般应从制造厂获得新部件，但损坏的部件也可以修理，或用其他部件更换。新部件与原部件相比较应该：

1）至少有相同的强度。

2）不会增加保护气体的泄漏速度。

3）不会妨碍保护气体流入或通过电气设备外壳。

4）不会因形状或配合有差别而使潜在爆炸性气体进入外壳内部。

5）不会在外壳内部构成气体滞流的死角。

6）不降低外壳或外壳内元件的散热速度，以致超过其温度组别。

衬垫或其他密封零件的替换件应该用相同材料制造，但是，如果符合使用目的并且与使用环境相适应，则可以使用不同的衬垫材料。

（2）电缆和导管引入装置

引入装置应保持原来的防护等级，并且不得增加正压气体泄漏。

（3）接线端子

应保证爬电距离和电气间隙与原来的相同。

（4）绝缘

在修理过程中所用的绝缘更换件至少应达到原来的质量和等级。

（5）内部导线连接

重新更换设备内部导线连接时，则其电气性能，热性能和力学性能都不得低于原来的水平。

（6）绕组

原来的绕组数据优先从制造厂获得。如果不可能，则可仿制重绕。重绕线圈所用材料的绝缘等级应该符合相应的绝缘系统。如绝缘等级高于原来绕组绝缘等级但未经制造厂同意，也不得提高绕组的额定值，以免影响设备的温度组别。

旋转电动机损坏了的铸铝笼型转子，要用从制造厂或其销售部门取得的新转子更换。焊接导条笼型转子，应该用相同技术要求的同类材料重制。如果更换笼型转子中的导条，要注意保证这些导条在槽内配合紧密。

（7）透明部件

不得用溶剂清洗塑料制成的透明部件，可用家用洗涤剂清洗。

（8）浇封件

在一般情况下，浇封件不宜修理（例如：照明装置的开关）。

（9）蓄电池

在使用蓄电池的情况下，应征求制造厂的意见。

（10）灯泡

应采用制造厂规定类型的灯泡代替，而且不得超过规定的最大功率。

（11）灯座

须用制造厂规定的灯座更换。

（12）镇流器

损坏的镇流器或电容器要用制造厂规定的部件更换，如用其他部件代替，须经制造厂认可。

2. 修复

除通用要求外，正压型电气设备还应注意下列修复技术的说明。

（1）外壳

如果用钎焊或金属压合法修理损坏的外壳、接线盒和盖子时，则要注意保证设备的完整性，不能削弱防护等级。特别要保持能够承受冲击试验和适当的过压。

如对已损伤或已腐蚀的接合面进行机械加工，则不得降低零件的机械强度和工作性能，也不能影响防护性能。止口接合面通常是紧密配合。因此，对外圆进行机械加工时需要对内圆增添金属并进行机械加工（反之亦然），以保持接合面的配合特性。如果只有一部分损坏，可通过增添金属和重新机械加工，将该部分恢复到原来的尺寸。增添金属的方法可以是电镀、镶套或焊接，但不推荐用金属喷涂。

（2）轴和轴承室

修复轴和轴承室，应采用金属喷涂或镶套技术。如果采用的钎焊工艺能保证焊料与母体适当渗透和熔接，又经时效处理后能防止变形，消除压力，且无气泡时，可采用此种方法。

（3）滑动轴承

滑动轴承表面可采用电镀或金属喷涂进行修复。

（4）转子和定子

轻轻刮削转子和定子，以消除偏心和表面损坏，则转子和定子之间的空气间隙的增大，应不会产生影响设备温度组别的较高外表面温度。

经过严重"扫膛"或已损坏的定子铁芯，必须通过"磁通量试验"，以保证没有能影响设备温度组别或产生继续损坏定子绕组的过热点。

3. 改造

内部不含可燃性气体释放源的外壳可以改造，但任何经过修改的部件必须符合检修规定的条件。内部具有可燃性气体释放源的外壳，例如：分析仪器、色层仪等，须与制造厂协商改造。不得改造监测过电压和气体流动速度部位的结构，也不得改变计时器的预定时间或其他监测装置。

电缆和导管引入装置的改造应保证保持规定型式和防护等级。

须采用可靠的工程技术改造端子。

如果电动机绕组按另一种电压重绕，须与制造厂协商后才能进行。对此，必须保证磁负荷、电流密度及损耗等不增加。保持相应的新的爬电距离和电气间隙并且新电压应在鉴定文件的限值范围内。铭牌应改标新的参数。如重绕旋转电动机的绕组改变转速，必须事先与制造厂商量，避免电动机的电气性能和热性能的改变，导致其温度超过了规定的温度组别以及降低正压系统的效能。

在需要增添辅助设备的情况下，例如：防潮加热器或温度传感器，都应和制造厂一起协商以确定增加的可行性和措施。

4. 试验

对可能影响外壳机械强度的修理，应按 GB 3836.1—2010 进行冲击试验。对可能影响外壳防护等级的修理，应按 GB 3836.1—2010 进行防护性能试验。电缆和导管引入装置更换的密封圈应进行硬度和尺寸测量，其材料应有按 GB 3836.1—2010 进行的老化试验报告。对绕组进行改造后，必要时应按有关标准进行全部型式试验。

绕组经过全部或局部修理的设备组装后，应进行下列试验：

（1）应在室温下测量每一绕组的电阻。如果是三相绕组，每相的电阻或线间电阻应平衡，公差符合有关规定。

（2）测量绕组对地、允许情况下绕组间，绕组对辅助设备和辅助设备对地的绝缘电阻。最小试验电压为直流 500 V。允许的最小绝缘电阻值随额定电压、温度、设备类型和局部还是完全重绕等因素有变化。电动机绕组完全重绕之后，额定电压不超过 660 V 的情况下，温度 20℃时的绝缘电阻应不小于 20 MΩ。

（3）按照有关设备标准要求，高压试验应在绕组对地、允许情况下绕组间以及绕组和附在绕组上的辅助设备间进行。

（4）变压器或类似设备应在额定电源电压下通电，并且应测量电源电流，二次电压和电流。测量值应和从制造厂得到的数据相比较。可能情况下，对于三相系统，应保持各相平衡，公差符合有关规定。

（5）高压设备和其他特殊设备，可以增加试验。该试验应执行修理合同规定。

对于旋转电动机，除了上述试验外，应尽可能进行下列试验：

（1）电动机全速运行。如有不适当的噪声或机械振动，应研究其原因并设法消除。

（2）笼型电动机的定子绕组应在适当降压堵转时通电以达到满载额定电流，并且保证各相平衡。

（3）高压和非笼型电动机可能需要更换或增加一些 GB755 规定的试验项目。

四、增安型电气设备

1. 检修

（1）外壳

对损坏的外壳部件一般应采用制造厂的新部件更换，但也可以进行修理或用其他结构相同的部件更换，这时须保证设备外壳的防护等级、机械强度及电气设备的温度组别、电气间隙和爬电距离。为满足环境条件的要求，检修后不得降低其防护等级。

只能使用制造厂规定的表面处理方法，以避免表面处理、涂覆等因素对外壳温度组别的影响。

静止部件与旋转部件之间的间隙、进出风孔的防护等级应符合电气设备标准的规定。

旋转电动机修理后，其内外风道应无堵塞或损坏，以免妨碍空气对电气设备的冷却作用。风扇和风罩之间的间隙应符合 GB 3836.1—2010 的有关规定。如果更换风扇或风扇罩，应采用与原部件材料、尺寸相同的配件，避免产生机械摩擦火花、静电和环境的腐蚀。

不得随意改变外壳的紧固方式（特别是装有裸露带电部件的 I 类设备），紧固件应齐全，各紧固螺栓应均匀拧紧。

密封衬垫不允许修复，也不允许取消，而应采用与原设计相同的配件更换。

（2）电缆和导管引入装置

电缆和导管引入装置的防护等级不得低于 IP54。对密封圈式引入装置，更换的密封圈，其硬度、性能应符合 GB 3836.1—2010 的有关要求，其尺寸应与被更换件相同。

（3）连接件

连接件损坏时，应采用原制造厂的备件更换，也可采用经防爆检验单位检验合格的替换件更换。

（4）绝缘

绕组绝缘系统的详细内容，包括浸渍剂的类型，应该询问制造厂。

（5）内部导体连接

更换电气设备内部的连接时，其绝缘承受电、热或机械作用的能力都不得低于原水平。其连接方法应符合 GB 3836.3—2010 的有关规定。连接导体替换件的截面不得小于原连接导体的截面。

（6）绕组

增安型电气设备的绕组会直接影响防爆性能，修理单位应具有必要的资料和设备，否则应由制造厂进行修理。

修理前，应具有下列数据资料：绕组型式、绕组图纸、每槽导体数量和每相并联路数、相间连接、导体尺寸、绝缘系统、相电阻或线电阻。

对大型电气设备，可在制造厂或防爆检验单位指导下，更换局部绕组。

绕组的浸漆处理禁止采用涂刷、喷洒或浇漆等方法。

为了保证浸漆质量，应注意电气设备浸漆前的清洗质量。

即使重绕绕组的绝缘等级高于原来的等级，也不允许提高设备的额定值。

对损坏的铸铝笼型转子，须采用制造厂的新转子更换；对焊接笼型转子，可采用同一技术性能的材料重制，如果更换导条，应保证导条和转子配合紧密。

如果用温度传感器监测绕组温度，应在浸漆处理前将其埋入绕组内，且不得改变原设计结构，绕组修理后应按标准进行试验。

（7）透明件

透明件损坏时，一般应采用原制造厂的备件更换。也可采用经防爆检验单位检验合格的、尺寸相同的替换件更换。

不允许用溶剂擦洗塑料制成的透明件或其他部件，但可以使用家用洗涤剂擦洗。

（8）浇封件

一般情况下不允许修理或修复浇封件。

（9）蓄电池

蓄电池在增安型电气设备中使用时，应参照制造厂的说明书和其他有关资料进行修理和更换。

（10）灯泡、灯座、镇流器

更换灯泡（管）时应采用制造厂原规定的型号和规格的灯泡（管）。对单插头荧光灯管，当单插头插入灯座构成隔爆结构时，应对准插入防止变形，以免影响防爆性能。

只能使用符合 GB 1444—2008 或制造厂规定的灯座进行更换。

镇流器和电容器只能用制造厂的新部件更换。

2. 修复

（1）外壳

对损坏不严重的外壳用钎焊或金属压合法修理时，应保证不影响设备的防爆性能，外壳应能承受 GB 3836.1—2010 规定的冲击试验，并应保证原有的防护等级。

对损坏或腐蚀的接合面进行机加工时，应保证其机械强度和工作性能，并且不得降低其防护等级。为保证止口接合面的配合，当对外圆进行机加工时，须对内圆增添金属并进行机加工（反之亦如此）。如果仅有局部损坏，可通过增添金属并进行机加工方法，恢复到其原有尺寸。可以采用电镀、镶套或钎焊的方法增添金属，但不推荐采用金属喷涂法。

修复轴和轴承室，应采用金属喷涂或镶套工艺，也可采用溶焊后机加工的工艺修复轴，轴颈应采用电镀或金属喷涂法修复。

（2）滑动轴承

滑动轴承表面可采用电镀或金属喷涂法进行修复。

（3）转子和定子

如果将转子和定子稍微刮削就会消除偏心或表面损伤，则转子和定子之间增加的空气间隙不应导致产生较高的内外部温度（影响电动机温度组别）或电气力学性能的变化。

对于严重"扫膛"或已损坏的定子铁芯，必须通过"磁通量试验"以防止存在影响温度组别或损坏定子绕组的过热点。

（4）固体绝缘材料

由模压塑料或层压材料制成的绝缘件，如果绝缘表面有机械损伤或脱落，并且影响其相比漏电起痕指数或未损伤部分未达到规定的爬电距离时，须用相比漏电起痕指数与绝缘件本身至少为同级的绝缘漆涂覆。

3. 改造

（1）外壳

在符合 GB 3836.1—2010 和 GB 3836.3—2010 规定的温度组别、防护等级、冲击试验要求的条件下，外壳可以改造。

（2）电缆和导管引入装置

在满足引入装置防护等级及夹紧试验（Ⅱ类固定式设备除外）要求的前提下，可以改造引入装置。

（3）连接件

在符合 GB 3836.3—2010 对连接件要求的条件下，可以改造连接件。

（4）绕组

如果电动机绕组改变电压等级重绕，则须事先询问制造厂，而且必须保证磁负荷、电流密度和损耗等不会受影响，并有与新电压相适应的电气间隙、爬电距离，t_E 时间及 I_A/I_N 之比，且须经防爆检验单位认可，铭牌上应改为新参数。

如果电动机改变额定转速重绕，则应事先询问制造厂，须保证电动机的电气性能和热性能符合 GB3836.1—2010 和 GB 3836.3—2010 的有关规定。

(5) 辅助装置

如果在原电气设备上增加辅助装置，如防潮加热器或温度传感器，则应询问制造厂，以确定改造的方案，改造后须符合 GB 3836.1—2010 和 GB 3836.3—2010 的有关规定。

4. 试验

(1) 对可能影响外壳机械强度的修理，应按 GB 3836.1—2010 进行冲击试验。

(2) 对可能影响外壳防护等级的修理，应按 GB 3836.1—2010 进行防护性能试验。

(3) 对可能影响设备温度组别的修理，应按 GB 3836.1—2010 进行温度试验。

(4) 电缆和导管引入装置，应按 GB 3836.1—2010 进行夹紧试验（Ⅱ类固定式设备除外），密封圈应进行硬度和尺寸测量，其材料应用按 GB 3836.1—2010 进行的老化试验报告。

(5) 更换的塑料风扇应有按 GB 3836.1—2010 测定表面绝缘电阻的报告。

(6) 更换的铝合金风扇应有材料成分分析（含镁量）报告。

(7) 绕组修理后的试验

1) 一般绕组

修理后的绕组组装之后，应进行如下试验：

A. 在室温下测量每一绕组的电阻，并与制造厂的数据相比较，对三相绕组，相电阻或线电阻应平衡，其公差应符合有关规定。

B. 测量绕组对地、绕组间（必要时），绕组与辅助装置间及辅助装置对地间的绝缘电阻，应符合相应电气设备标准的规定。

C. 绕组对地、绕组间（必要时），绕组和辅助装置间应按 GB 3836.3—2010 及其他相应标准进行绝缘耐压试验。

D. 在额定电压和额定频率下测量空载电流，二次电压，并与制造厂的数据相比较，对三相系统，相间应保持平衡，其公差应符合相应电气设备标准的规定。

E. 对交流 1 000 V、直流 1 500 V 及以上的设备和其他特殊电气设备，应按修理合同进行有关补充试验。

2）旋转电动机

除上述试验之外，旋转电动机还应进行下列试验：

A. 电机以全速运转，如有不适当的噪声和（或）振动，应分析其原因并校正。

B. 笼型电动机的定子绕组应在适当降低电压情况下进行堵转试验，并达到额定电流，检查各相是否平衡。

C. 对交流 1000 V、直流 1500 V 及以上的和非笼型电动机，应按修理合同变更或补充试验项目。

D. 对绕组的改造必要时应按有关标准进行全部型式试验，至少应进行上述试验，并增加 t_E（交流绕组在最高环境温度下达到额定运行稳定温度后，从开始通过最初启动电流起至上升到极限温度所需的时间）和 I_A/I_N（最初启动电流与额定电流之比）的测定。

五、无火花型电气设备

1. 检修

(1) 外壳

一般应从制造厂取得新的部件。但也可以将损坏部件进行修理，或用其他部件更换，这时要保持电气设备标牌上给出的防护等级和温度组别。

为了满足环境条件的要求，设备可能已采用比设备标准要求更高的防护等级，在这种情况下，修理时不得降低其防护等级。

应特别注意，所有外壳部件的冲击试验要求，应按设备标准的规定进行。

在静止部件和旋转部件之间，应按设备标准的规定保持适当的间隙。

限制呼吸外壳的防爆性能与衬垫和其他密封措施有关，应特别注意密封装置的情况以保持其防爆性能。

应该注意表面粗糙度、涂漆等因素及外壳温度组别的影响。只能使用制造厂规定的表面处理方法。

旋转电动机修理后，其内外风道应无堵塞或损坏以免妨碍冷却空气对电气设备的冷却作用。并且，风扇罩和风扇之间的间隙，须遵照GB 3836.1—2010 要求。如果风扇或风扇罩损坏需要更换，替换件应从制造厂获得。如果用其他替换件则应和原来的尺寸相同，并至少和原部件的质量相同，还须考虑设备标准的要求，避免产生摩擦火花或静电荷，以及电动机所处的化工环境。

(2) 电缆和导管引入装置

电缆和导管引入装置的防护等级不得低于 IP54。

(3) 接线端子

当修理接线端子箱时，应注意保持电气间隙和爬电距离符合设备标准的规定。如果原来是用非金属螺钉固定，则只能用相同材料的螺钉替换。如果终端是松散的线头，则端部接法和绝缘都应符合检验文件的规定。

(4) 绝缘

绝缘等级须相同于或高于原绝缘等级。例如绕组的原绝缘等级为E 级，修理时可以用 F 级代替。当使用比原等级高的绝缘等级时，在未经制造厂认可的情况下不得提高电动机的额定值。

(5) 内部导体连接

如果更换设备内部导体的连接时，其绝缘的有关电气性能、热性能或力学性能都不得低于原水平。任何替换连接件的截面，都不应小于原连接件的截面。

(6) 绕组

当进行重绕时，必须测定原绕组数据，并且新绕组须与原绕组一致。如果绝缘等级高于原等级，在未经制造厂认可的情况下，不得提高绕组的额定值，以免影响设备的温度组别。原绕组数据，一般应从制造厂获得，也可以采用仿制重绕工艺。应尽量避免更换局部绕组，但大型电气设备，在制造厂或检验单位的指导下，可以例外。

修理旋转电动机损坏的铸铝笼型转子，必须用从制造厂或其销售商店购买的新转子更换。焊接导条笼型转子应该使用同一技术性能的材料重绕制造。特别应该注意，如果更换笼型转子的导条，必须确保这些导条在槽内配合紧密。

如果用温度传感器来监测绕组温度，应在浸漆处理前把它们埋入绕组内。

（7）透明件

不允许用溶剂擦洗由塑料制成的透明件或其他部件，但可以使用家用洗涤剂。

（8）浇封件

浇封件通常不宜修理。例如：照明装置的开关。

（9）蓄电池

应采用制造厂规定型式的灯具进行更换，并且不得超过规定的最大功率。

（10）灯泡、灯座、镇流器

应采用制造厂规定型式的灯泡进行更换，并且不得超过规定的最大功率须采用制造厂规定的灯座更换。

损坏的镇流器或电容器只能用制造厂规定的部件更换。如果这些是专用产品，选用其他替换品时，须经原制造厂认可。

（11）密封式断路装置

密封式断路装置不宜修理。应使用制造厂规定的部件更换。

2. 修复

（1）外壳

如果用钎焊或金属压合法修理损坏不严重的外壳、接线盒和盖子时，应注意保证设备的整体性不被明显削弱，特别是要保证能够承受冲击试验，并保持其防护等级。

（2）接合面

如果对损坏的或腐蚀的接合面进行机械加工，不应削弱零件的机械强度和工作性能，也不得降低防护等级。

止口接合面通常采用紧密公差配合，为保持接合面的配合，当对外圆进行机械加工时，需要同时对内圆增添金属和机械加工。如果只有局部损坏，可以通过增添金属和机加工，使之恢复到原尺寸。可以采用电镀、镶套或钎焊的方法添加金属，但不推荐用喷涂金属的方法。

（3） 旋转电动机

1） 轴和轴承室

一般应采用金属喷涂或镶套工艺来修复轴和轴承室，在适当的情况下可采用焊接技术。

2） 滑动轴承

滑动轴承表面可采用电镀或金属喷涂法进行修复。

3） 转子和定子

如果轻微刮削转子和定子就能排除偏心或表面损伤，那么转子或定子之间增加的空气间隙不应导致改变电动机温度组别而产生较高的内部或外部表面温度。经过严重"扫膛"或已损坏的定子铁芯，必须通过磁通量试验，以防止出现改变温度组别或损坏定子绕组的过热点。

3. 改造

（1） 外壳

如果符合规定的温度组别、防护等级和相应标准的冲击试验要求，那么外壳可以改造。

（2） 电缆和导管引入装置

经改造的引入装置，要保持规定的防爆型式和防护等级。

（3） 接线端子

只有按照设备标准的规定，才能改造接线端子。

（4） 绕组

如电动机绕组按不同于原电压等级的另一电压等级重绕，必须与制造厂协商之后进行，例如：磁负荷、电流密度和损耗未增加，经检查有相应的新的爬电距离和电气间隙，且须经防爆检验单位认可，铭牌应改为新的参数。

重绕线圈的电动机，如果改变了额定速度，须事先与制造厂协商，须保证电动机的电气性能和热性能符合 GB 3836.1—2010 和 GB 3836.8—2010 的有关规定。

（5） 辅助设备

在要求增加辅助设备的情况下（例如：防潮加热器和温度传感器），应和制造厂协商以确定增加的可行性和措施，改造后须符合 GB

3836. 1—2010 和 GB 3836. 8—2010 的有关规定。

4. 试验

（1）对可能影响外壳机械强度的修理，应按 GB 3836. 1—2010 进行冲击试验。

（2）对可能影响外壳防护等级的修理，应按 GB 3836. 1—2010 进行防护性能试验。

（3）对可能影响设备温度组别的修理，应按 GB 3836. 1—2010 进行温度试验。

（4）电缆和导管引入装置，应按 GB 3836. 1—2010 进行夹紧试验（Ⅱ类固定式设备除外），密封圈应进行硬度和尺寸测量，其材料应有按 GB 3836. 1—2010 进行的老化试验报告。

（5）更换的风扇应有满足 GB 3836. 1—2010 规定的试验报告。

（6）绕组修理后的试验。

1）绕组经过全部或局部修理的设备组装后，应进行下列试验：

A. 测量绕组对地、必要情况下绕组间、绕组和辅助设备间以及辅助设备对地间的绝缘电阻。最低试验电压为直流500 V。

B. 允许的最低绝缘电阻值，随额定电压，温度，设备型式及局部或完全重绕而变化；电气设备的绕组完全重绕以后，额定电压不超过660 V 的情况下，温度20 ℃时的绝缘电阻不应小于20 MΩ。

C. 按照有关设备标准，在绕组对地，必要情况下绕组间，绕组和附在绕组上的辅助设备间进行耐压试验。

D. 变压器或类似的设备应在额定电压下通电并测量电源电流，二次电压和电流。测量值应和制造厂的数据相比较。对三相系统，各相间保持平衡，公差符合有关规定。

E. 高压（例如：交流1 000 V、直流1 500 V 及以上）以及其他特殊设备，可以增加试验项目，其试验应按修理合同的规定进行。

2）旋转电动机

除上述试验外，旋转电动机应进行下列试验：

A. 电动机以全速运行，如有不适当的噪声或机械振动，则应分析其原因并设法消除。

B. 笼型电动机的定子绕组，应在适当降低电压且转子堵转时通电，以达到满载额定电流，并确保各相平衡。

C. 高压（例如：交流 1 000 V、直流 1 500 V 及以上）和非笼型电动机，可能需要更换或增加试验项目，其试验应按修理合同。

（7）对绕组的改造，必要时应按有关标准进行全部型式试验。